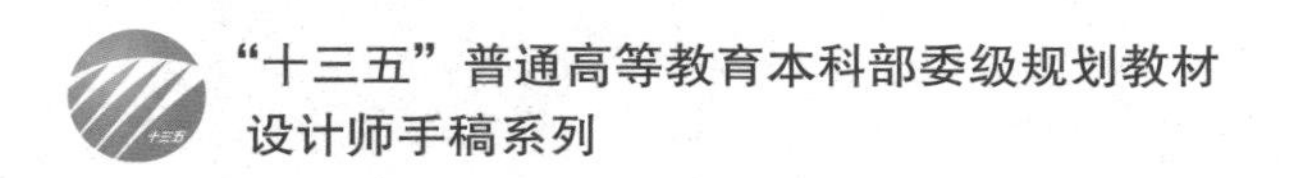

"十三五"普通高等教育本科部委级规划教材
设计师手稿系列

女装款式设计与案例表现1300例

董 怡◎著

国家一级出版社
中国纺织出版社
全国百佳图书出版单位

内 容 提 要

本书以女装款式设计为研究重点，以服装款式实例阐述了女装款式设计中的美学原则及基本设计方法，附有大量具有代表性的精美女装款式图和效果图，囊括了背心、T恤、衬衫、西装、夹克、大衣、填充外套、短裤、长裤等15种主要款式类别。

全书图文并茂，内容针对性强，不仅可用于高等院校服装专业学生和服装设计爱好者的设计学习，也可用于款式图和效果图的绘制参考。

图书在版编目（CIP）数据

女装款式设计与案例表现1300例/董怡著．—北京：中国纺织出版社，2019.1

“十三五”普通高等教育本科部委级规划教材．设计师手稿系列

ISBN 978-7-5180-1094-3

Ⅰ．①女…　Ⅱ．①董…　Ⅲ．①女服—服装设计—高等学校—教材　Ⅳ．①TS941.717

中国版本图书馆CIP数据核字（2018）第191268号

策划编辑：李春奕　　责任编辑：杨　勇
责任校对：武凤余　　责任印制：王艳丽

中国纺织出版社出版发行
地址：北京市朝阳区百子湾东里A407号楼　邮政编码：100124
销售电话：010—67004422　传真：010—87155801
http://www.c-textilep.com
E-mail：faxing@c-textilep.com
中国纺织出版社天猫旗舰店
官方微博http://weibo.com/2119887771
北京玺诚印务有限公司印刷　各地新华书店经销
2019年1月第1版第1次印刷
开本：787×1092　1/16　印张：10.5
字数：128千字　定价:45.00元

凡购本书，如有缺页、倒页、脱页，由本社图书营销中心调换

目录

CONTENTS

第一章

PART 1

女装款式设计概述

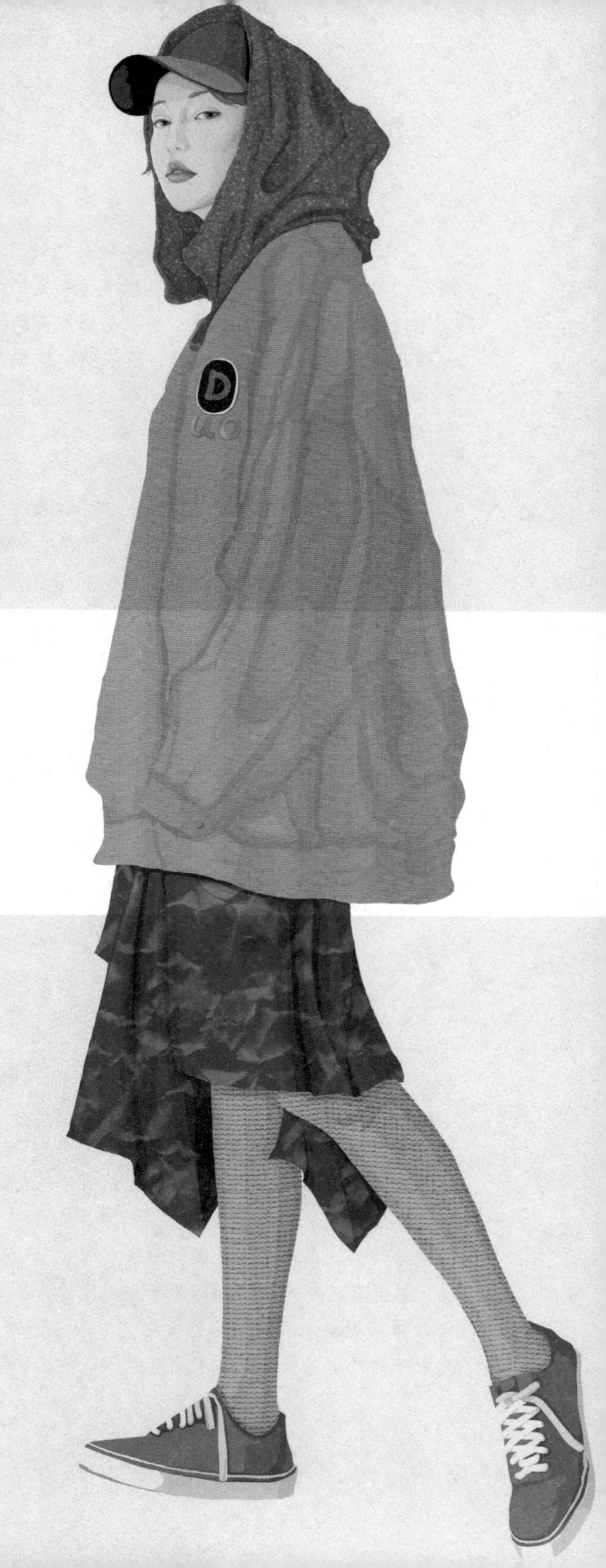

款式设计即服装的造型设计，包括外造型设计和内造型设计，即廓型设计和细节设计。廓型是服装的外造型，是服装剪影式的大轮廓，是让人一目了然的服装大框架。细节设计是服装的内部结构，包括组成服装的主要部件，如领、门襟、口袋、肩襻等，也包括分割服装的各种线条，以及服装中的各种装饰工艺等。

款式、面料和色彩是构成服装的三要素。如果把服装制作比喻成一座房屋的建筑工程，那么款式就是构建房屋的基本框架，而面料则是构建房屋的建筑材料，也就是说，没有款式，就没有构成一件服装的基本可能性。

款式设计中，需要通过面料来表现服装的外观形态，尤其是款式中的廓型。柔软、服帖，具有悬垂性的面料可以用来塑造和人体形态相吻合的自然廓型；硬挺、悬垂性较差的面料则有利于完全脱离人体的新服装形态的塑造，当然，使用填充物也可以达到这个效果。

款式设计中，还需要通过色彩强化服装的外观形态。从服装和环境的关系上来说，色彩可以让款式在外环境中更加醒目，如雪地里的红衣；也可使款式隐藏在外环境中，如雪地里的白衣。从款式自身来说，一组对比强烈的色彩可以强化款式内部分割线两边的不同块面，使服装的整体形态被重新分割，形成新的视觉外观，如袖子和衣身拼色的服装。此外，还可以将色彩和分割线相结合，充分利用视错觉，改变人体的形态。

一、廓型设计

廓型是构成服装整体印象的主要元素，也是除了色彩以外，第二个进入视线范围的服装元素。廓型和服装风格的塑造密切相关。

廓型的原意是剪影、侧影、轮廓，在服装设计中廓型一般指服装的外轮廓，即服装最外部的线条所勾勒区域的形状。

廓型从其与人体的合体度来分，可分为紧身、适体、宽松三大类，而更多情况下，设计师们更多地沿用法国设计师克里斯汀·迪奥首次推出的与廓型象形的英文字母来代表不同的廓型特征，常用的有A型、H型、O型、T型、X型。

（一）A型

A型廓型也称为三角形轮廓，意为上小下大的外观。例如，服装肩部尺寸适体，自胸围线开始放量，由上至下形成喇叭形的外观。该廓型具有复古和优雅的气质，常见于外套、大衣的设计，在衬衫、连身裙以及T恤等也有应用（图1-1）。

图1-1 A型服装

（二）H型

H型廓型也称为箱形轮廓，意为服装上下宽度一致。该廓型于20世纪初女装中出现后，一直以来是体现中性风格的重要廓型。常见于外套和大衣设计，在休闲和运动类型的服装中尤为多见（图1-2）。

图1-2 H型服装

（三）O型

O型廓型也称为茧形轮廓。顾名思义，即肩部适体，腰部宽大，下摆收紧，服装整体呈现圆形或椭圆形的外观。由于O型轮廓和人体的自然形态差异较大，造型夸张，气质俏皮、可爱，因此该造型多出现在品牌定位年轻的、休闲风格的服装中，另在一些戏剧风格的服装中也有应用（图1-3）。

图1-3 O型服装

（四）T型

T型廓型上宽下窄，强调横向的、夸张的肩部线条和纵向的身体线条。T型廓型风格硬朗、中性，在军旅风格的女装中有所应用（图1-4）。此外，与之类似的廓型还有Y型和沙漏形，但后两种廓型相对T型，肩部线条的处理稍显圆润、柔和。

图1-4 T型服装

（五）X型

X型轮廓强调肩部和臀部的横向线条，同时收紧腰部线条，凸显女性凹凸有致的身体曲线。作为最具女性化气质的廓型，多用于连身裙、礼服和外套的制作(图1-5)。

图1-5　X型服装

二、细节设计

如果说廓型是构成服装的大框架，那么服装部件则是构建服装的基本元素，也是服装内部结构的必要组成，而这些服装部件的设计常常被称为服装的细节设计。服装部件分为主体部件与细节部件，服装的主体部件有衣片、领、袖、裤片、裙片等；服装的细节部件有门襟、口袋、肩襻、分割线等。以下就几种主要的服装部件来说明细节设计。

（一）领型设计

衣领位于服装结构的上端，是最易引起他人关注的部件，也是与着装者脸部相关性最强的部件，恰到好处的领型设计可以起到修饰着装者脸部和颈部形态的作用。常见几种领型，有无领、立领、翻领、翻驳领、连身领、复合领等（图1-6）。

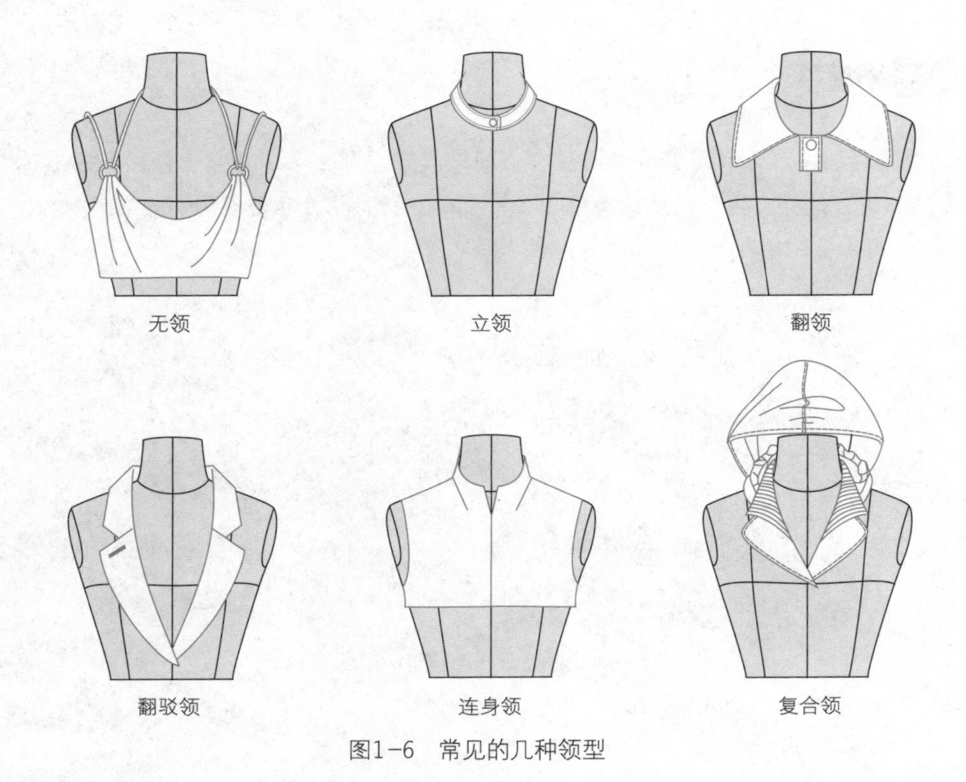

图1-6 常见的几种领型

1. 无领

无领，即衣身领口线部位没有单独加装领子的类型，领口的形态即为领子的形态。无领的造型简单、基本，形态也最为丰富。由于其不能在着装者颈部形成遮挡，因而不具备挡风保暖功能。无领设计多用于春夏季节的服装、内衣设计及礼服设计，在秋冬季的外套设计中有少量应用。按领线形状，无领主要有圆领、方领、V领、一字领等形状。

（1）圆领：即领线为明显弧度半圆形的领型。圆领风格大方，线条流畅。根据领深开口深浅不同，又可分为贴合领窝线的浅圆领、低至前胸的深圆领；根据圆领的弧度，又可分为正圆形领和椭圆形领。

（2）方领：也称为盆底领，造型线条平直，领线呈类似方形的外观，风格相对中性。

（3）V领：即领围线上端开口下端收拢的造型，和字母V形相似，也像一个倒置的三角形。V领风格大方，应用范围广。在视错觉的影响下，领口开口较深的V领通常能够起到拉长着装者脸部和颈部线条的作用。

（4）一字领：通过加大横开领尺寸，缩小竖开领尺寸来形成“一”字外观效果。一字领具有优雅的视觉效果，在夏季裙装、上衣以及春秋针织衫上应用较多。由于视错觉的关系，一字领与V领相反，有缩短着装者的脸部和颈部线条的作用。

（5）其他无领：女装中常用的还有U领、花瓣领、钻石领、锯齿领等。由于无领的缝制工艺相对简单，造型空间限制较少，因而其造型更显丰富多彩。

2. 装领

装领，指衣领独立成片，需要和服装领口线缝合或组合在一起的领型。装领主要可分为立领、翻领和连身领。

（1）立领：是衣领直接立于领口线上的领型，立领宽度可根据设计需要调节。按立领和领口线形成的角度，立领可分为直立领和斜立领。立领外边缘线造型丰富，可处理成直角形、斜角形、圆弧形、花瓣形等，还可处理成褶裥、荷叶边等形态。

（2）翻领：是领面外翻的领型。按领面和领座的关系，可分为领面与领座一体和领面领座各自独立成型需要缝合的两种类型；按领面和衣片的关系，翻领又可分为翻领和翻驳领，相比翻领，翻驳领与衣片之间多了一个驳头，是传统男西装的经典领型。领面造型是翻领设计的重点，且可与门襟、帽子等服装部位结合设计。

（3）连身领：是衣领和衣身相连的领型。连身领设计风格优雅，造型整体，但由于人体肩颈部分的结构，要使得连身领贴合人体起伏，需在肩颈转折部位加入省道或褶裥工艺，对面料硬挺度有一定要求。

3. 复合领

除了以上几种基本领型外，还可由基本领型延伸出多种相似领型，如基础翻领演变而来的青果领、马面领、趴领等，此外衣领还可以通过不同的组合方式而产生丰富多彩的造型变化，如立领和驳领的组合、双立领的组合、双翻领的组合等。

（二）门襟设计

门襟是服装开启交合的部分，是服装正面结构的设计重点。按纽扣排数，门襟可分为单排扣门襟、双排扣门襟和多排扣门襟；按左右衣片是否对称，门襟可分为对襟和偏襟；按是否闭合，门襟可分为闭合式门襟、开敞式门襟和半开式门襟；按形态，门襟可分为直门襟、斜门襟和异形门襟等；按门襟数量，可分为单门襟和复合门襟。常见几种门襟类型（图1-7）。

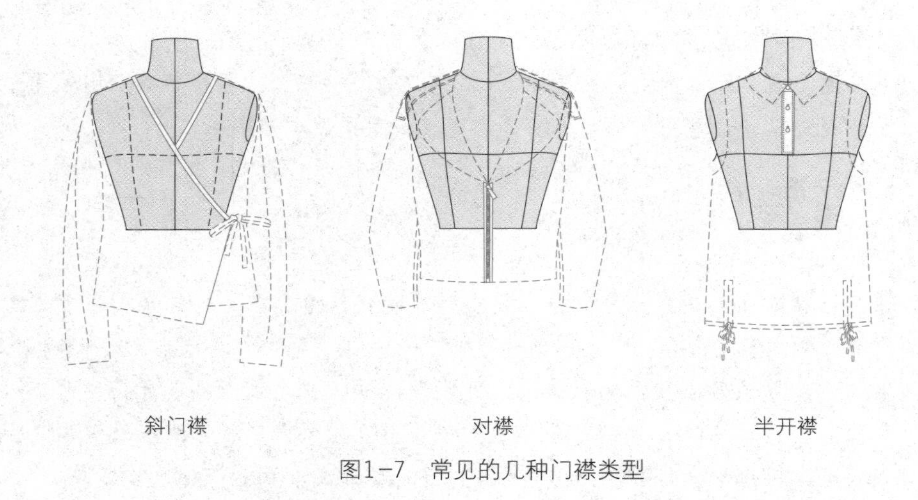

图1-7 常见的几种门襟类型

1. 斜门襟

斜门襟即门襟位置非服装中心线位置且呈斜线形态的门襟，常见的如旗袍中由领下至腋下的门襟形式，多见于传统中式服装。

2. 对襟

对襟即位置位于服装正面中心线的门襟。对襟平分左右衣片，给人以稳重、均衡之感。对襟是女装中的常见门襟形式。

3. 半开式门襟

半开式门襟也称为半开襟、半襟。半开式门襟的门襟长度短于衣身正面衣长，通常自颈窝处至正面衣身长度的1/3处左右。半开式门襟能满足衣服的穿脱功能，也能较好地保持服装正面形态的整体性。多见于卫衣、T恤。

4. 复合式门襟

复合式门襟是一种以上门襟组合而成的门襟形式，除少部分设计是为了纯粹的视觉效果以外，大多数此类设计都出现在冬季夹克、外套以及特殊类型的功能性服装，以利于防风保暖。

（三）袖设计

袖通常指包裹手臂的服装部分，它所处的位置特殊，也是上衣部分中活动最为频繁、活动区域最大的部件。袖肥的大小、袖山的高低不仅关系到袖的外观形态，更关系到着装后手臂的舒适程度，以及以肩为圆心的手臂活动空间。

按袖和衣身的连接关系，袖可分为自带袖和装袖（图1-8）。自带袖，衣片和衣袖相连，在传统中式服装中较为多见，穿着舒适，手臂可活动幅度较大，但手臂下垂时腋下有多余量的面料堆积。装袖，衣袖独立成片，需通过衣身及衣袖的袖窿线缝合，装袖形态立体，能较好地展现手臂形态，但除了使用针织面料或弹性面料外，通常情况下装袖与手臂形态贴合程度越高，手臂活动范围越窄，舒适度越低，而装袖与手臂贴合程度越低，手臂活动范围则越宽，舒适度相对提高。装袖又根据衣袖与衣身的缝合位置不同，分为普通装袖、插肩袖和落肩袖。普通装袖和衣身缝合线上端位于人体肩点附近，插肩袖与衣身缝合点上端位于领围线、肩线上，而落肩袖与衣身的缝合点上端则低于正常的人体肩点。

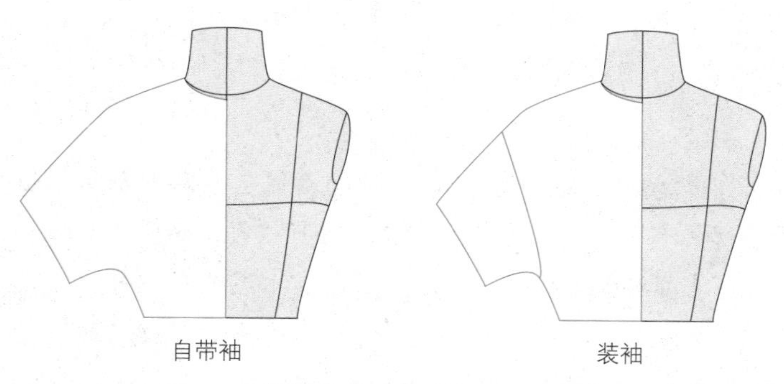

图1-8　按袖和衣身的连接关系的袖型分类

此外，按袖的长短，袖可分为长袖、九分袖、七分袖、中袖、短袖和无袖；按裁剪方式，袖可分为一片袖、两片袖和多片袖；按造型特点，袖可分为膨体袖、直筒袖、喇叭袖等；按单件服装上袖的数量，可分为单袖和复合袖，常见几种袖型（图1-9）。

1. 直筒袖

直筒袖即袖身形状与人体手臂形状贴合的袖型。直筒袖合体度较高，能较好地展示手臂线条，通常与合体的衣身设计结合应用。

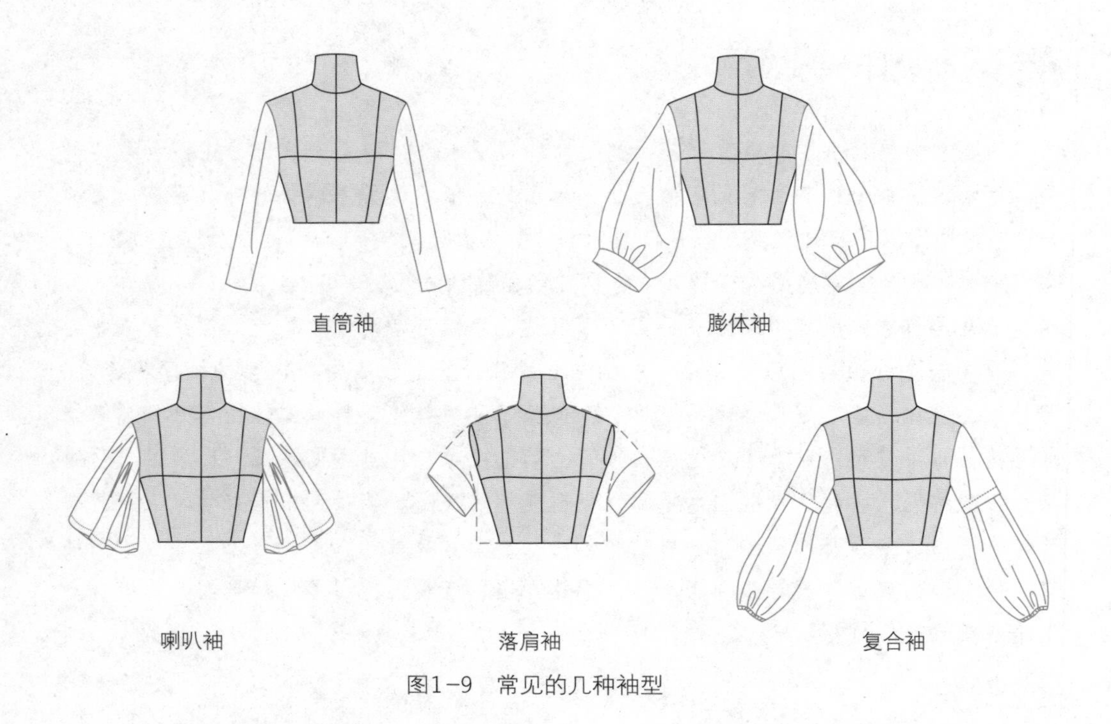

图1-9 常见的几种袖型

2. 膨体袖

膨体袖，意为造型膨大宽松的造型。其特点是通过收褶、加省、填充等工艺，使衣袖出现异于手臂的夸张效果。膨体袖膨起部位可根据造型需要出现在衣袖的任意一个部位，常见的有上臂顶端、上臂上半部、手肘部和前臂的前端，因其膨起部位的不同，被象形地称为灯笼袖、羊腿袖等。膨体袖造型夸张，袖体外廓型相对庞大，风格俏皮、复古，多见于春夏服装和礼服。

3. 喇叭袖

喇叭袖形同喇叭，从袖窿线起始至袖口，袖身逐渐放大加宽。喇叭袖的袖型宽松、飘逸，便于活动，多见于春夏服装。

4. 落肩袖

落肩袖即衣袖和衣身缝合线位置低于人体正常肩点的袖型。落肩袖宽松、随意，在休闲风格的衬衫和宽松大衣中较为常见。

5. 复合袖

复合袖即两种或两种以上袖子形态组合而成的衣袖造型，如上臂膨体袖下臂直筒袖的组合、外层喇叭袖和内层直筒袖的组合等。

（四）口袋设计

口袋是服装中具有较强实用性的部件，但在现代设计中，口袋的实用性功能逐渐减弱，装饰功能更加受到设计师的关注。按形态，口袋可分为贴袋、暗袋、插袋和复合袋等。常见几种口袋类型（图1-10）。

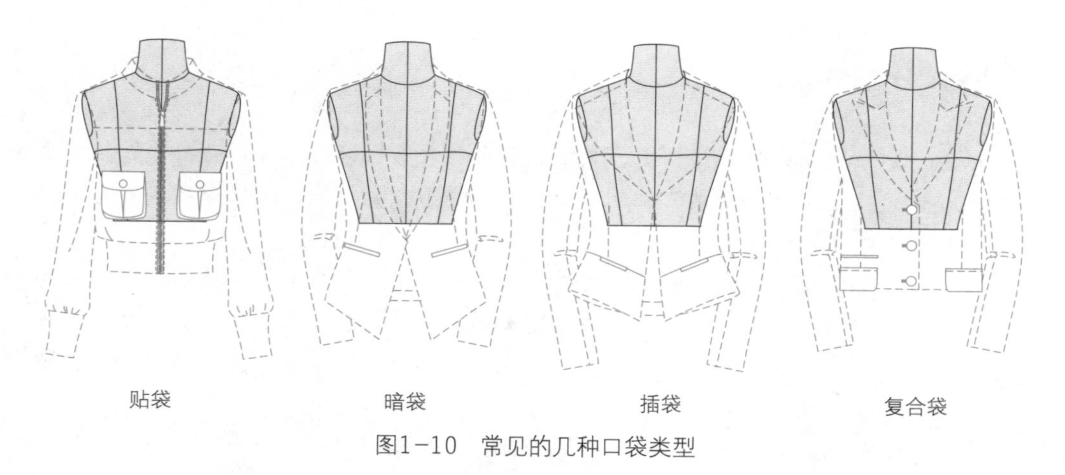

图1-10 常见的几种口袋类型

1. 贴袋

贴袋即口袋独立成形，且完全暴露在服装外部的口袋造型。贴袋形状通常不受工艺限制，因而其造型丰富多彩。就其和衣身的贴合度来看，贴袋可分为平贴袋和立体袋。

2. 暗袋

暗袋，顾名思义为服装中可以“隐形”的口袋。其工艺为在面料上剪开一定长度的口子，从里面衬以口袋布，然后在开口处缝合固定。袋口在服装表面形成开袋线，可辅以单根或双根嵌条，部分暗袋还可加以袋盖装饰。因而，暗袋的“暗”是相对贴袋的“明”而言，其实是暗藏口袋袋布部分的意思。

3．插袋

插袋是借助服装本身分割线作为开口，不需要在面料上再开口的口袋类型。按形状插袋可分为直插袋、斜插袋、弧形插袋等。因需依赖服装本身分割线，故插袋形态变化较少，但插袋开口部分也可辅以袋盖作为装饰。

4．复合袋

将两种或两种以上口袋组合而成的口袋设计。形成袋中有袋、袋上有袋的效果，多见于休闲类型的服装。

（五）分割线设计

服装分割线是指在服装图样上，表示服装部件裁剪、缝纫结构变化的线，又称为结构线。欧洲人通过解剖学的人体因子分析来研究服装的结构，并通过省道、去处余量的分割线、褶裥等塑造出三维的服装立体形态，使服装更好地契合人体结构。

按功能，分割线可分为功能性分割线、装饰性分割线以及兼具功能性和装饰性的分割线三种。其中兼具功能性和装饰性的分割线不仅有助于塑造人体的三维形态，展现分割线自身美感，还可以通过其形成的视错觉优化着装者的体形。因此，分割线形式的变化直接影响服装的整体造型，对于服装外观形态塑造具有重要意义。女装中的分割线形式丰富，通常兼具功能性和装饰性（图1-11）。

图1-11 女装中不同的分割线形态

第二章

PART 2

女装款式设计的美学法则

在现实生活中，美没有固定的模式，但是单从形式方面来看待某一事物或某一视觉形象时，人们对于它是美还是丑的判断还是存在着一种基本相通的共识。早在古希腊时期，亚里士多德就提出美的主要形式是秩序、匀称与明确，一个美的事物，它的各部分应有一定的安排，而且它的体积也应有一定的大小。毕达哥拉斯学派认为美是和谐的比例，而王朝闻在他《美学概论》中认为："通常我们所说的形式美，是指自然事物的一些属性，如色彩、线条、声音等，在一种合规律的联系如整齐一律、均衡对称、多样统一等中所呈现出来的那些可能引起美感的审美特征。"

形式美普遍存在于人类自身、自然界和人工产品（包括艺术）之中，人们人为地将这些美加以分析、提炼及总结，并通过艺术活动加以实践利用，使之贯穿于绘画、雕塑、音乐、舞蹈、戏曲、建筑等众多艺术形式之中，遍布于人们生活的每个角落。这些人们用于创造美的形式，被称为形式美法则，包括对称、均衡、对比、统一、节奏、夸张、强调等内容。服装作为兼顾实用性和审美性的一种人工产品，离不开形式美法则，特别是就相对男装设计元素更加丰富、可设计空间更为宽阔的女装设计而言，如何在款式设计中用好形式美法则，就显得尤为重要了。

一、对称与均衡

对称与均衡是形式美中一对强调稳定和平衡关系的法则，对称是静态的稳定，而均衡是相对动态的稳定。

（一）对称

对称是指图形或物体的对称轴两侧或中心的四周在大小、形状和排列组合上具有一一对应的关系。对称在结构形式上工整，具有严谨、庄重、安定的特点。

按构成形式来分，对称可分为左右对称、上下对称、斜角对称、反转对称等。按对称的程度来分，可分为完全对称和局部对称。

完全对称的形式带给人强烈的庄重感和稳定感，因此多用于都市风格和复古风格的女装通勤款以及正装的设计中。相对而言，局部对称在休闲风格和前卫风格设计中的运用较多。局部对称既稳定又富于变化的形态符合大多数人喜爱稳中有变的心态，采用其而设计的服装具有趣味性。局部对称的设计一般在大面积上采取对称的构成形式，然后通过图案、装饰品、LOGO等打破它的绝对对称形态，从而弱化它过于稳重、成熟的感觉（图2-1），因此，从某种意义上说，局部对称其实涵盖了对称和均衡二种法则。

图2-1 对称

（二）均衡

均衡是指图形中轴线两侧或中心点的四周的形状、大小等虽不能重合，而以变换位置、调整空间、改变面积、改变色彩等求得视觉上、心理上量感的平衡。相对对称而言，均衡除了稳定外，也兼具活泼、生动、富有动感的特点。

从仅仅满足服装功能上需求的基本条件来看，一件服装的基础原型是左右对称的，是稳定而平衡的，所以就服装而言，所谓的均衡是建立在破坏对称和平衡的基础上的，是对视觉、质量或心理上完全平衡的形和物的解构，然后在不平衡基础上建立起新的平衡点。就均衡的构成方式而言，可分为每个部分都不一致而构成的均衡和局部不一致而构成的均衡，其中后一种类用于局部对称。

在具体运用方式上，可以通过多种方式改变服装原有的对称形态。例如，通过改变服装某个部位款式的长短、宽窄、面积的大小；通过改变服装色彩的色相、明度、纯度、面积、冷暖；通过装饰工艺的简洁和繁复度的变化；通过服装面料的厚薄、软硬程度，面料图案的差异性等；通过饰品的颜色、位置、大小、形态等。但需要注意的是，这种构成关系上的不对称是基于变化产生的美感，如果这种不对称完全脱离了美这个关键词，脱离了人的心理量感上的平衡，脱离了人基本的身体对称结构，那么这种不对称就不会带来均衡感，反而会带来丑的、混乱的、失衡的、不实用的效果（图2-2）。

图2-2 均衡

二、节奏

节奏本是音乐术语，指音乐中音与音之间的高低以及间隔长短在连续奏鸣下反映出的感受，通过重复、渐变等方法可形成节奏。在设计构成中，节奏是指某一形态或色彩以一定方式有规律的反复出现，如布局的疏密、图案的大小、色彩的浓淡等（图2-3）。

在女装上，节奏的体现形式是多样的，服装上的每个元素都可以形成节奏。节奏使得整个服装层次分明，富有韵律感，其中主要的方式有：

（1）在款式上，服装局部设计的重复、多层次分割等，如蛋糕裙的层叠设计。

（2）整体色彩上的单色重复、多色重复，色相、明度、纯度的颜色渐变等。

（3）自身具有节奏感图案的面料的使用，以及不同的质感、图案、色彩面料的反复使用。

（4）工艺上相同的或不同的手法的反复使用，有规律的褶裥处理、多条异色明线的设计等。

（5）饰品的反复、规律性出现，如扣子、缎带、珠饰、蝴蝶结、花朵、铆钉等。

图2-3　节奏

三、比例

比例是构成任何艺术品的尺度，是指设计中不同大小的部位之间的相互配比关系。不恰当的比例带给人失衡、不安定的感觉，而恰当的比例则带来平衡、协调的美感。

在女装设计中，比例是决定服装款式中各部分相互关系的重要因素，包括整体与局部、局部与局部之间关系，涉及面料、色彩、款式、着装方式、饰品选用等服装的各个方面，例如，服装分割部分的长短比例，上衣和搭配裙子的长度比例，显露于外的内搭服装面积与外搭服装的面积比例，领子和衣身的大小比例……甚至扣子的大小选择都是和比例相关的问题。

服装不仅是艺术品，还是具备实用性的商品，它以人体为表现载体，因此在女装设计过程中必须遵循女性身体的基本比例和起伏特征。在满足其功能性的基础之上，可以通过放大、缩小比例等手法，来突出和强调服装的特点，强化其风格。这里需要特别指出的是，并非所有的比例美都能像黄金比例一样给出一个标准的数值或公式，对比例美的正确判断需要长时间的学习和训练（图2-4）。

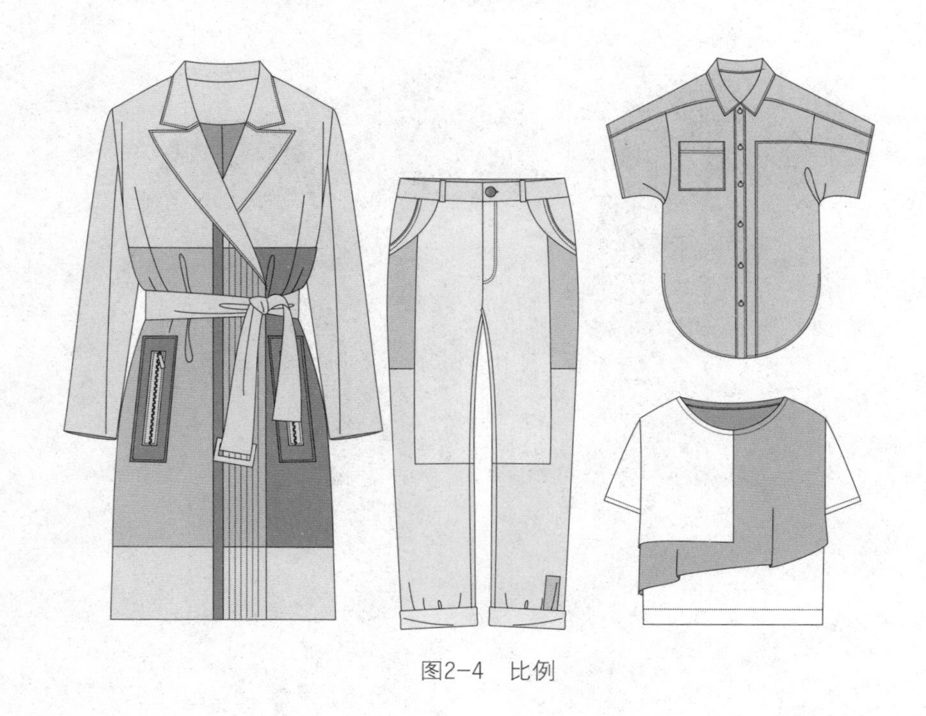

图2-4 比例

四、强调

强调以相对集中地突出某个部分为主要目的，它能打破平静、沉闷的气氛，是鲜明、生动、活泼、醒目的点睛之术。

在女装设计中，合理地强调服装中的某个元素或部位，可以改变整个设计上四平八稳、平分秋色的布局，突出设计重点，使之成为人们的视觉焦点。

服装中的任意一个元素、任意一个位置都可以成为被强调的主体，比如色彩的强调、结构的强调、装饰的强调等。在运用强调这一美学法则时，需在突出重点的同时，要注意服装整体的和谐统一，避免强调部分和服装整体的完全脱节和分离（图2-5）。

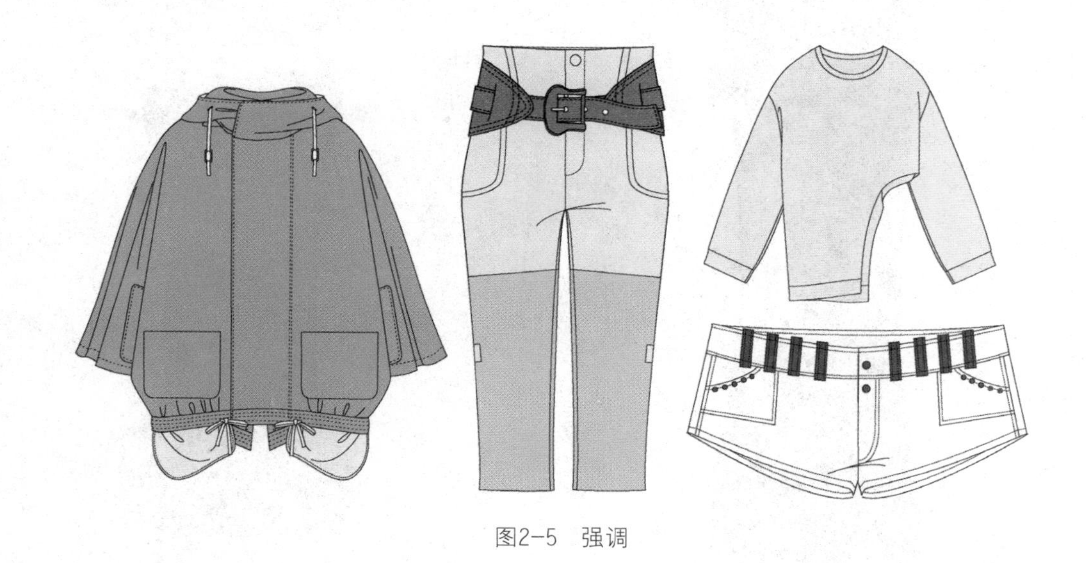

图2-5 强调

五、夸张

为了达到某种表达效果，对事物的形象、特征、作用、程度等方面有意扩大或缩小的方法称为夸张。在服装设计中，借用夸张这一表现手法，可以取得服装造型的某些特殊的效果，强化其视觉冲击力，带来新鲜感和乐趣。

夸张法则在年轻的休闲风格和前卫风格的女装中的运用较多，如在肩、领、袖、下摆等处经常出现的造型的夸张，利用装饰物如蝴蝶结、花朵、徽章等进行夸张等。

在运用夸张法则时，一定要拿捏好夸张的度，把握好服装整体的造型重点，重点突出、特点突出的同时达到服装整体的统一、平衡（图2-6）。

图2-6 不同风格款式中的夸张

六、对比、调和与统一

对比和统一是形式美中一对在概念上完全矛盾，在应用中又相辅相成的法则。没有了统一的对比充满了冲突感，让人烦躁不安无法平静，没有了对比的统一是平淡无趣让人觉得乏味的，而对比和统一之间需要调和作为媒介，使之有共存的可能（图2-7）。

图2-7 不同风格款式中的对比、调和统一

（一）对比

即两种事物对置时形成的一种直观效果，它是对差异性的强调，是利用多种因素的互比来达到美的体验。对比能增加视觉刺激度，带给人冲突、尖锐、不安的感觉。

对比有强对比和弱对比之分。强对比突出对比事物在视觉上和心理上的差异性，使之冲突变得更加强烈；弱对比弱化对比事物在视觉上和心理上的差异性，使之冲突变得柔和。

对比是女装设计中的活跃因子，主要体现在以下几个方面：

（1）款式对比：如服装款式的长短、松紧、曲直、动静、凸型与凹型等对比。

（2）色彩对比：在服装色彩的配置中，利用色相、明度、纯度，色彩的形态、面积、位置、空间处理等形成对比关系。

（3）面料对比：指服装面料质感的对比，如粗犷与细腻、硬挺与柔软、沉稳与飘逸、平展与褶皱等。

（4）饰品与服装的对比：使女装充满变化，富于个性。

（二）调和

调和是产生于对比和统一之间的一个动词，对比产生差异，调和意味着差异的变化，变化趋向于一致的结果就是统一。调和使相互对立因素的冲突性减弱，使之以一种相对和谐的方式形成一个整体。

（三）统一

统一是指由性质相同或类似的形态要素并置在一起，造成一种一致的或具有一致趋势的感觉的组合。它是对近似性的强调，强调一种无特例、无变化的整体感，它能满足人们对同一性的心理需求，带来安全感的同时，也容易显得单调和呆板。

女装设计中，对比和统一是一个永恒的主题。人们的求新求异心理决定了在女装设计中既要追求款式、色彩、面料的变化，又要防止各因素杂乱无章的堆积在一起；追求对比带来的趣味、刺激，又要尽可能地在矛盾中寻找有秩序的美感和相对平和的、统一的心理感受。

在具体的运用中，通过对女装中对立元素的大小、长短、面积、松紧、色彩、质感等元素的调整，采用呼应、穿插、融合、渐变等手法都可以达到调和的作用，最终达到服装整体效果的统一。

第三章

PART 3

女装单品款式设计案例

一、背心

背心通常指无袖的上衣，是夏装中的主要服装款式之一，多采用轻薄面料制作，现也将用厚型面料制作而成的无袖上衣归纳在背心的大类中，它们大都出现在秋冬装中，如马夹和羽绒背心。

按长度，背心可分为高腰背心、中腰背心和长背心；按造型特征，背心可分为吊带背心、篮球背心等。

（一）主要款式及其特点

1. 吊带背心

特指肩部为比较纤细肩带设计的背心款式。吊带背心风格性感，在夏装中比较多见。

2. 篮球背心

该款式由男式篮球运动背心演变而来，通常指为衣长过臀围线，衣身宽松，袖窿开口较低，领口为大圆形领和V领的背心款式。多内搭横式胸衣或紧身背心穿着。

3. 马夹

马夹原为传统男装三件套中穿着于衬衫和西装之间的无袖服装款式，在女装中一般指春秋季无袖服装款式，除了搭配衬衫和西装组成三件套以外，也可独立于T恤或衬衫之外穿着。

4. 其他背心

在广义的定义中，凡是无袖的服装都可以归属于背心的范畴，因此，在一些款式划分中，除了人们惯常定义的夏装中的背心外，一些秋冬季的无袖款式也被称为背心，如大衣式背心、羽绒背心等。

（二）款式设计重点

1. 廓型

背心的廓型主要有紧身型、适体型、H型、A型和O型。其中，紧身型是凸显人体体态最显著的廓型，在内穿式背心中应用最为普遍；适体型是既能在一定程度上展现人体曲线又能满足穿着舒适度的廓型，是应用最多的廓型；H型大方舒适，能较好地体现休闲和运动风格；A型主要集中在民族和优雅风格的背心中；O型适用于表现可爱的风格。除可单独穿着的夏季款背心外，其他季节的背心廓型设计需充分考虑背心的松度，既要在保证其穿着在T恤或衬衫之外的舒适度，也要避免过于夸张的廓型形成的面料余量，以免影响在穿着外套后的外观效果。

2. 肩带

通常定义里的背心款式不仅无袖，也无领，因此肩带毋庸置疑地成为了重要的设计部分。相对而言，窄肩带更加性感，而宽肩带气质更加中性。肩带的边缘可以根据需要处理成各种形态，肩带材质也由面料替换为金属链、珠链等。

3. 图案

图案是体现外穿型背心风格的主要元素之一。不同的图案可以强化不同的服装风格，如数字图案是运动风格背心的主要装饰元素，而文字、人物、风景和动物等多种类型图案则可根据需要应用于相应的休闲风格的背心上。

（三）背心设计案例（图3-1）

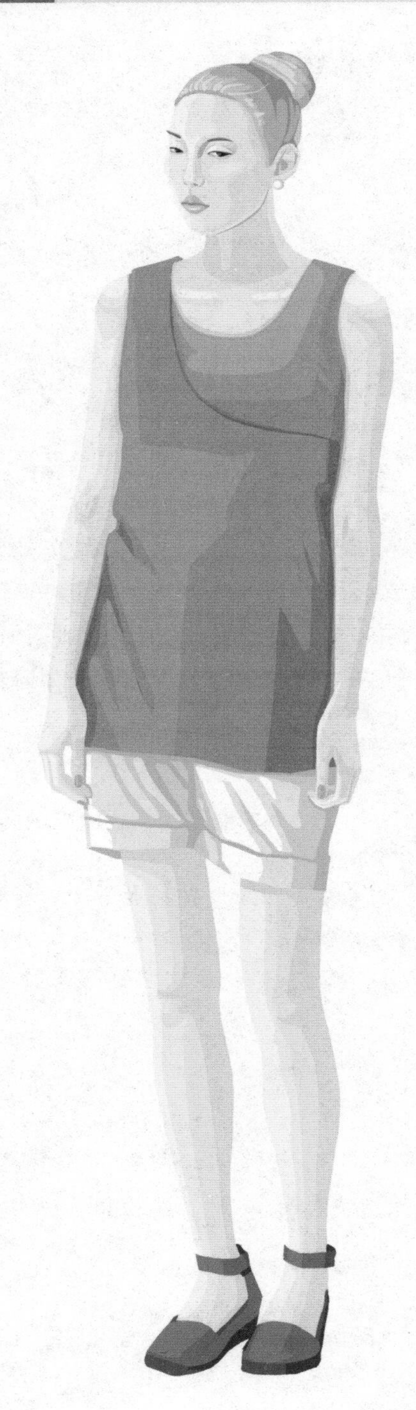

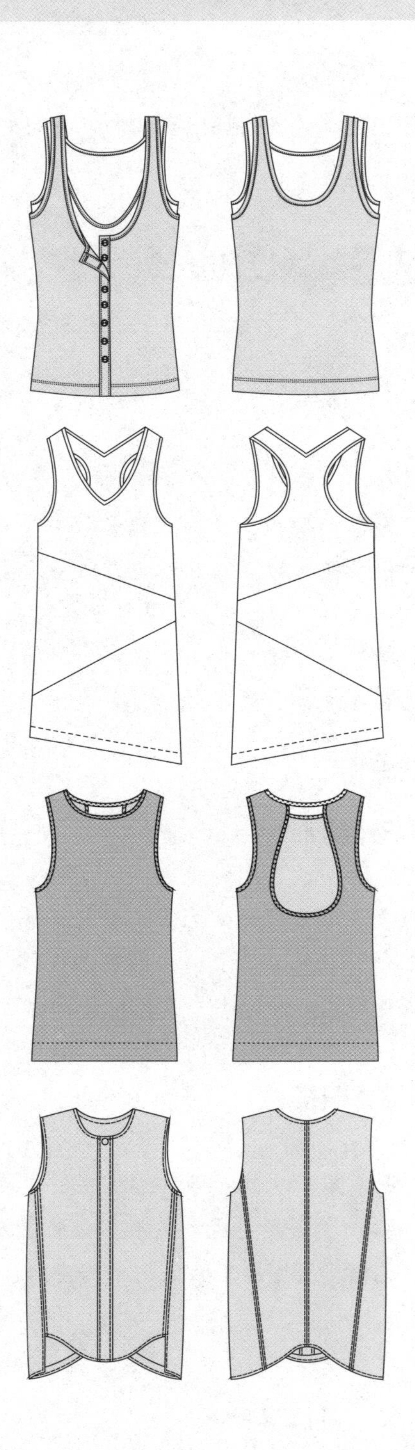

图3-1

WALKING
SPORT
9
E

图3-1

图3-1

图3-1

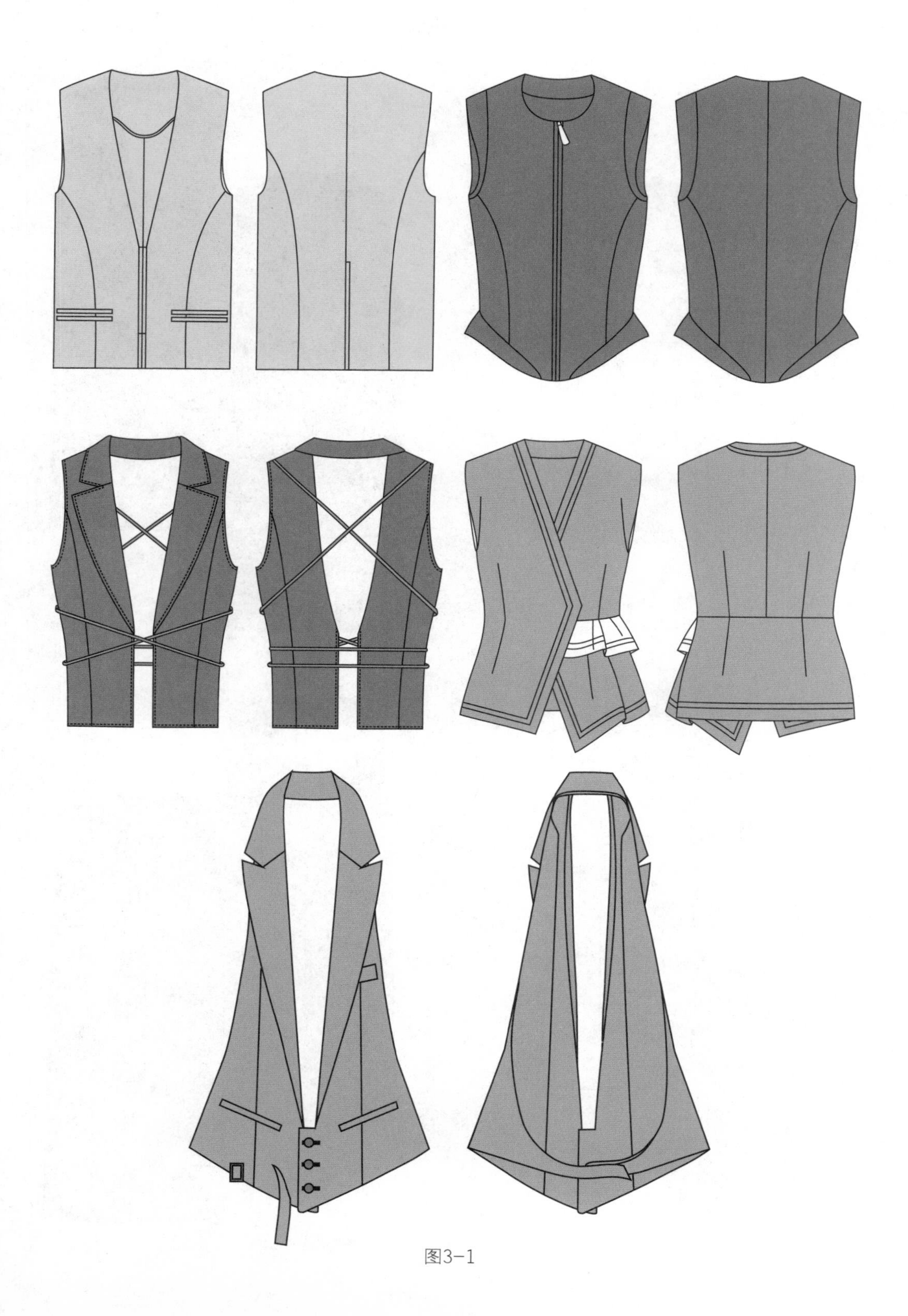

图3-1

GH341

图3-1

图3-1

图3-1 背心

二、T恤

T恤多为薄型、套头的针织上衣，它是春夏女装的主要服装产品类型之一。最常见的T恤款为长度过腰、松度适体、套头、无扣，衣领为圆形、V型的款式，衣身多以图案装饰。由于现在T恤的定义更加宽泛，其款式也越发多样化，如有领的POLO衫和卫衣也可归属于T恤的范畴。

（一）主要款式及其特点

1．基本款的T恤

基本款的T恤是夏季女装中的主要产品之一，指长度过腰、松度适体、套头、无扣，无口袋、衣领为圆形或者V形的款式。该款式大方、休闲，适合各个年龄层的女性穿着。

2．POLO衫

通常指长度过腰、松度适体、方领、半开襟的T恤样式。是常用于高尔夫、马球运动的T恤款式。

（二）款式设计重点

1．廓型

相对其他服装款式而言，作为夏季主打款的T恤结构相对简单，因而廓型设计显得尤为重要。其中，以短袖适体款和短袖直身宽松款为主打的传统产品廓型，而在此基础上可演变为具有夸张袖型和夸张肩部处理的T型和V型，扩大衣身下摆尺寸的具有民族风情以及可爱气质的A型，以及O型和加长的H型等。

2. 领

T恤除了POLO衫的领型为翻领外，大都多为无领，而由于无领的造型简单、基本，所以变化形态也最为丰富。

3. 图案

图案是T恤的款式设计中极其重要的部分。人物、风景、动物、文字、几何图形等都可以成为T恤的图案元素。在设计中除了需考虑图案和T恤整体风格是否吻合外，还可在图案的工艺形式上加以考虑，如印花、刺绣、立体装饰等都可以进一步强化图案的视觉效果，且现在的设计中，有一个图案用多种工艺方式综合表现的趋势。

（三）T恤设计案例（图3-2）

图3-2

图3-2

图3-2

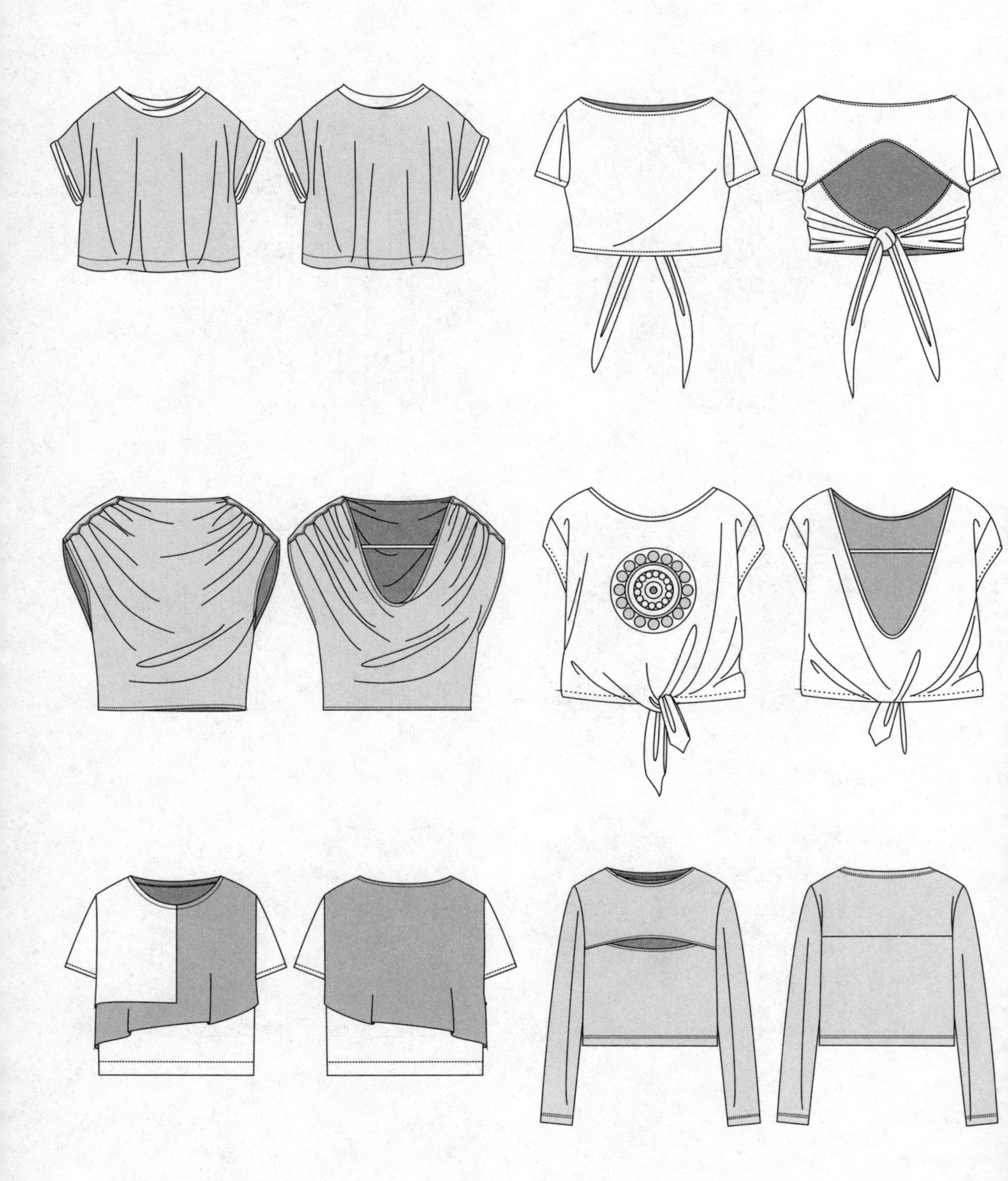

图3-2

图3-2 T恤

三、卫衣

卫衣通常和T恤形态类似，且在面料材质上同为针织，只在面料厚度上厚于T恤，多为春秋季穿着。

（一）主要款式及其特点

1. 基本无领款卫衣

基本无领款卫衣的款式类似于基本款的T恤，领口多为圆领和V领造型，短款中领口、袖口和衣身底边大都配以罗纹面料拼接。款式休闲，富有运动感。

2. 连帽款卫衣

连帽款卫衣也是卫衣的主要款式之一，除增加了连帽部分以外，大身和袖型款式通常和基本无领款相同。相对基本无领款卫衣，连帽款卫衣风格更趋随意、休闲。

（二）款式设计重点

1. 廓型

一般情况下，卫衣廓型以H型为主，根据设计需要在长短上有所变化，但在一些风格更趋个性的年轻女装品牌中，卫衣也被设计成O型或A型等其他形态。

2. 图案

同T恤设计一样，图案也是卫衣款式设计中极其重要的部分，需从图案造型、摆放位置以及工艺方式这三个方面重点考虑。

（三）卫衣设计案例（图3-3）

图3-3

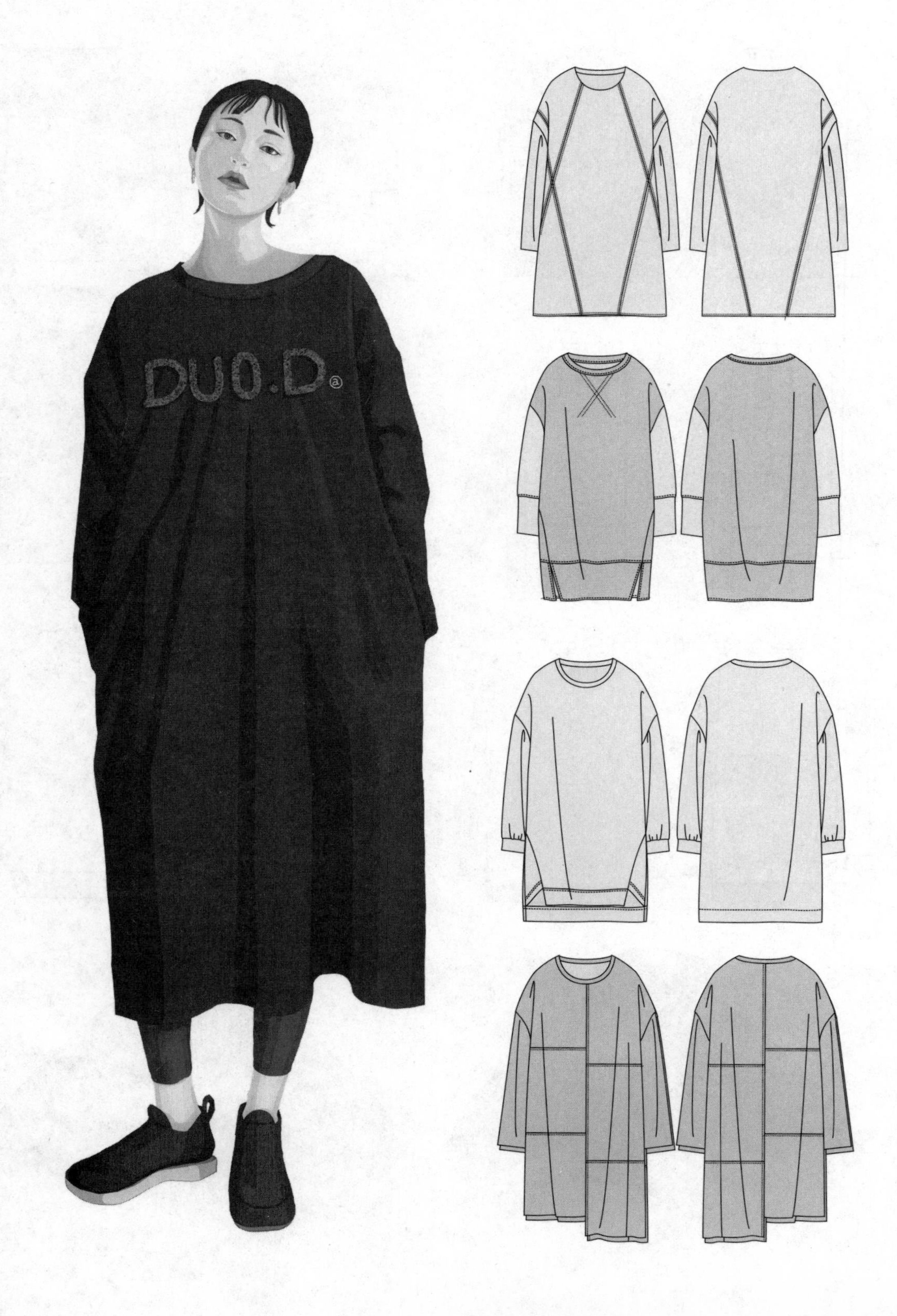
DU0.D

图3-3

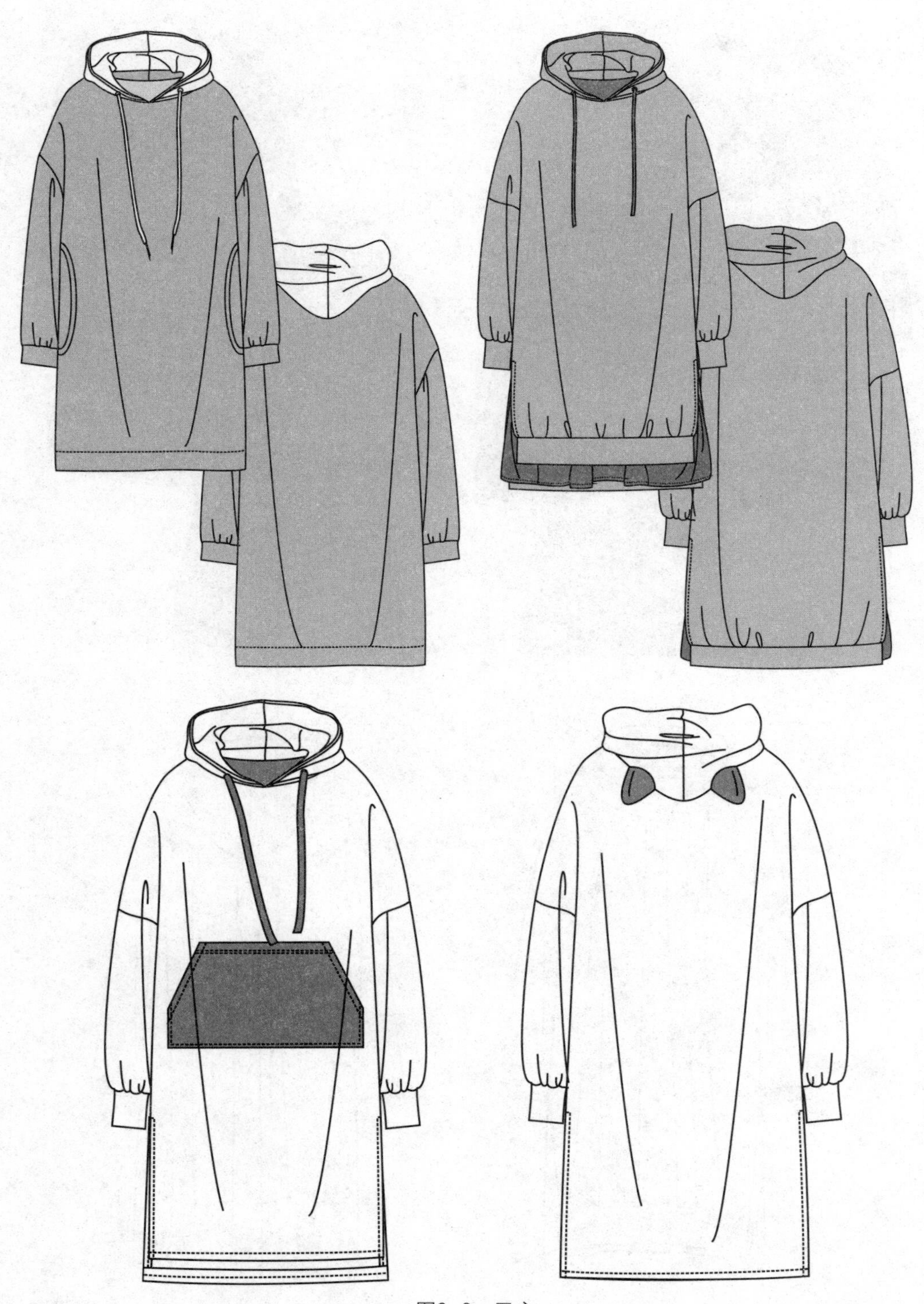

图3-3 卫衣

四、衬衫

衬衫归属于上衣大类，但在各类书籍中的具体界定比较模糊，通常它是指质地轻薄、有领、有门襟以及袖口有克夫的机织服装类型，但也有人将套头式的、无领的机织上衣称为罩衫式衬衫。由于由传统衬衣样式演绎而来的现代衬衫样式非常多样化，因而在一些定义下，衬衫原有的“有领”和“有明门襟”作为条件限制不再是必需的要素。以下以穿着方式进行衬衫款式分类。

（一）主要款式及其特点

1. 开口式衬衫

开口式衬衫是由男装衬衫原型演变而来，它具有传统男衬衫的基本元素，如有领和领座、有由上至下的明门襟、袖口处收紧装有克夫，但相对男衬衫又有收腰、收省、下摆造型等变化。传统样式的开口式衬衫是商务女装的标准配置之一，而由传统变化而来的，其他开口式衬衫则可表现可爱、性感、中性等多种风格。

2. 套头式衬衫

套头式衬衫一般为质地轻薄、造型宽松、套头样式的机织上衣，可单独穿用，也可作为内搭使用。套头式衬衫廓型有别于开口式衬衫大都采用适体的廓型，更多采用宽大的A型、H型、O型等，多辅以褶裥工艺。

（二）款式设计重点

1. 廓型

适体廓型是传统女衬衫的经典廓型，由此发展而来的衬衫廓型有如“男朋友的衬衫”的H型、带有民族风格的A型、俏皮可爱的O型等。

2. 领

传统衬衫的经典领型为带有领座的小方领或小尖领，但在现代女装中，衬衫领型早已不再局限于此，圆领、大方领、花瓣领、小立领甚至无领都在衬衫中有所应用。因此在设计中，不需严格恪守传统，但需根据衬衫的整体风格来选取相应领型，使整体设计符合审美法则，具备流行特征，满足消费者需求即可。

3. 门襟

门襟与领紧密相连，通常是衬衣设计的焦点部位。特别是在不同于传统款式的衬衫里，门襟处常加以褶裥、蕾丝、缎带、绣花等装饰工艺，表现不同的衬衫风格。

4. 袖

除了传统衬衫惯用的合体直筒袖以外，膨体袖也用于表现复古风格的衬衫款式，而具有民族风格的喇叭袖在套头式衬衫中也有应用。此外，袖口部分的设计也是容易出彩的部位，如克夫的宽窄变化、边缘形态变化、配色和装饰工艺应用等，都可以表现不同风格的美感。

（三）衬衫设计案例（图3-4）

图3-4

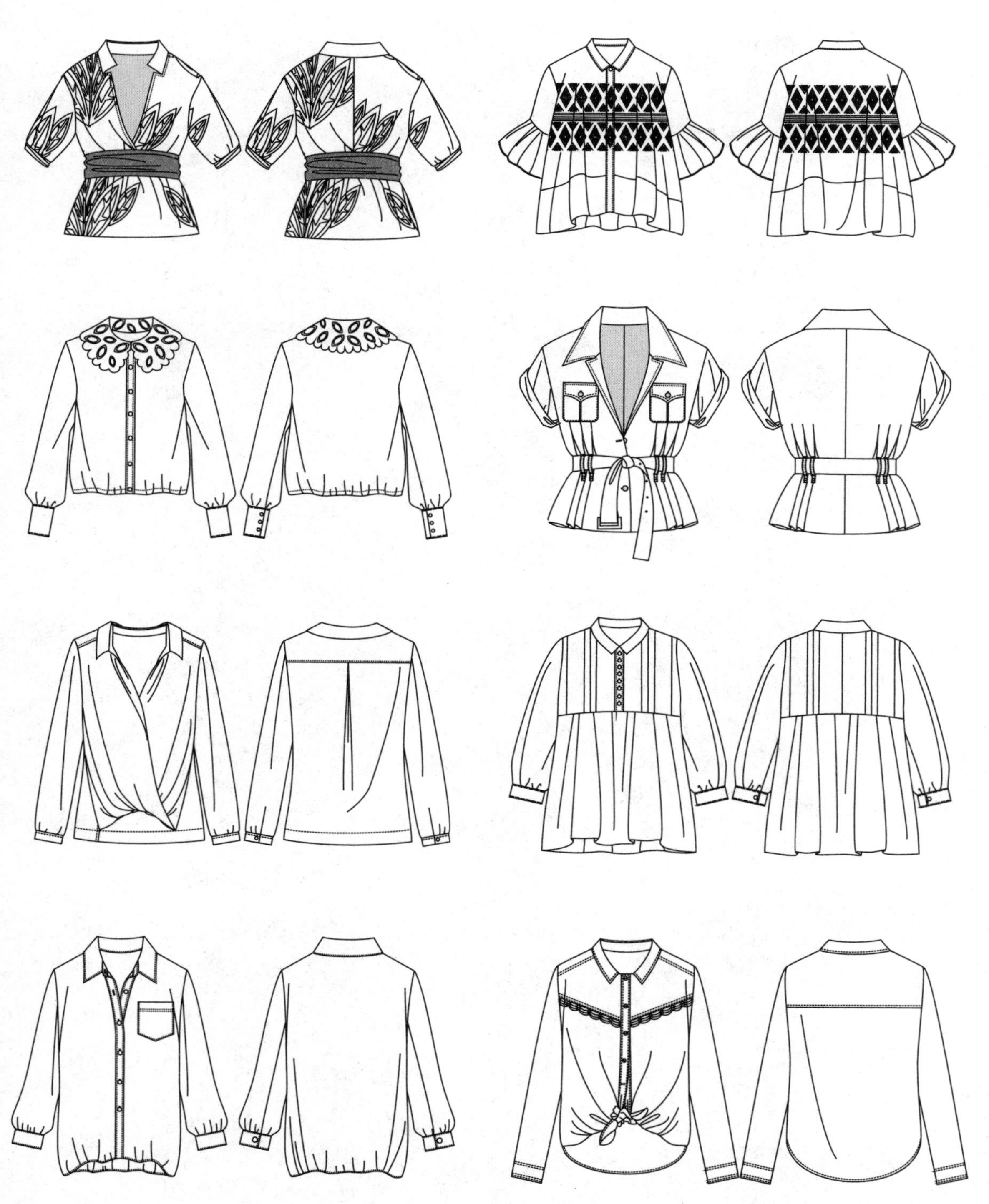

图3-4

图3-4

图3-4 衬衫

五、西装

作为从男西装直接发展而来的传统经典款女西装，在款式上基本沿袭男西装的造型特点，驳领、两片袖、嵌袋、扣合方式等依然是构成西装的基本元素，但廓型相对男西装更加符合女性体态，线条更趋柔和、圆润，此外，女西装的分割线形状和位置，以及面料的应用也比男西装更加多样化。现在，典型结构的西装更多地出现在商务风格的女装品牌中，或与直筒裙搭配组合成职业套装，而在每一季的流行T台上，传统西装的结构则通过衣身长短宽窄、领型等部位的细微设计变化，被赋予了更为多样化的“类西装”的外观形态。

（一）主要款式及其特点

1. 传统款西装

传统款的女式西装强调女性曲线，长度一般在腰围线和臀围线的中间区域，收腰明显，领型以翻驳领为主，少有戗驳领，且大都在领缘部分做流线型的柔化处理设计。

2. “类西装”款西装

“类西装”款西装在传统款的基础上添加了更多的设计变化，类似于传统款，但又不拘泥于其固有的基本元素特征，因而更具特点和风格。

（二）款式设计重点

1．廓型

因为西装廓型有相应的经典形态作为参照，款式大型相对固定，故在廓型上没有太多的变化空间，所以即便是“类西装”款，廓型一般也只是在衣身宽松程度和长短上做变化。

2．分割线

分割线设计关系到服装和人体的适合度以及服装外轮廓的体积感塑造，也是服装表面主要的线条呈现。在西装的设计中，分割线需与廓型结合使用，装饰服装的同时，塑造服装外轮廓，和廓型一起表达统一的服装风格。

3．领

女式西装的领型一般以翻驳领为主，领部宽窄、驳头高低、领边形态通常是需要设计的重点。在一些“类西装”的设计中，也可根据整体服装款式风格考虑其他领型。

（三）西装设计案例（图3-5）

图3-5

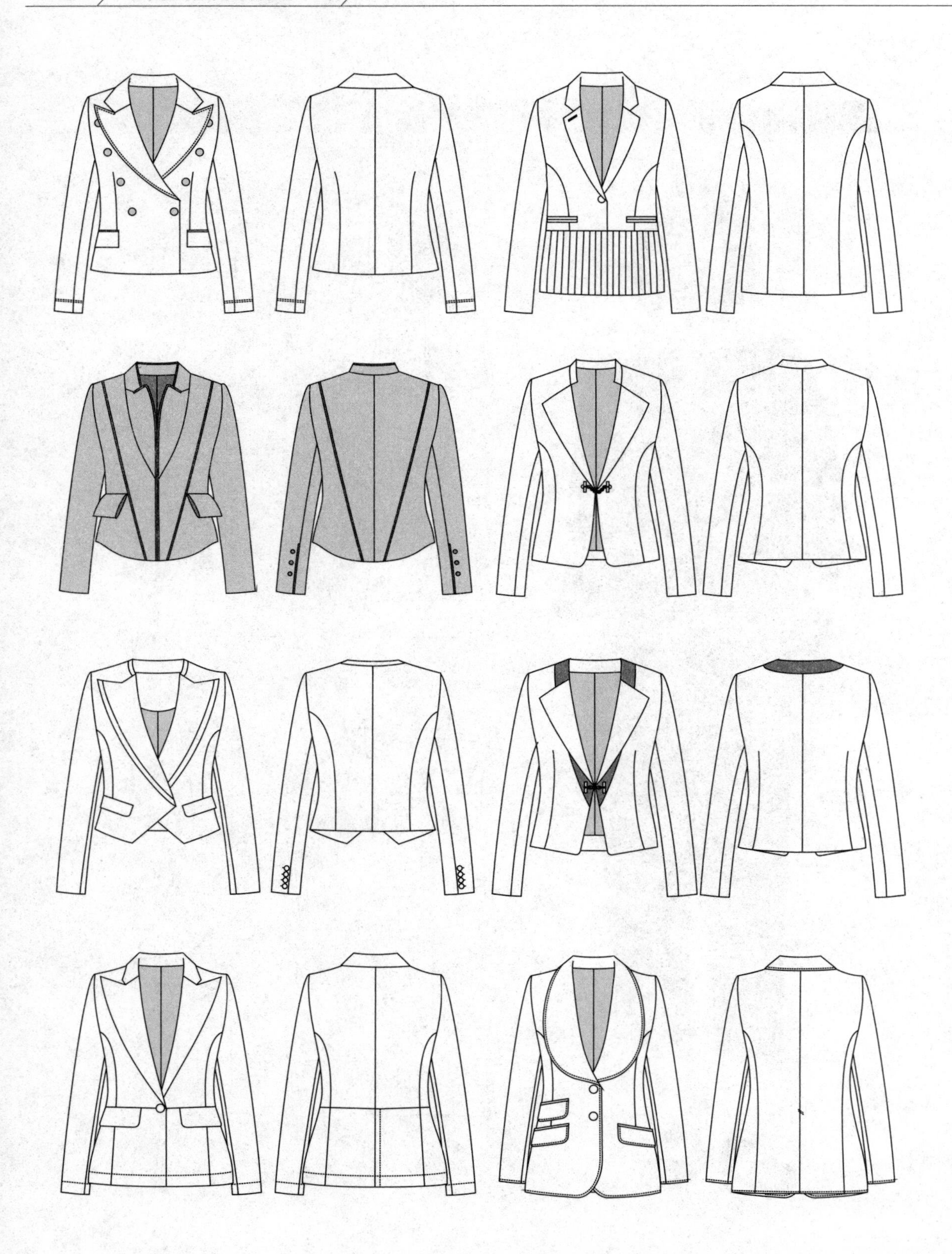

图3-5

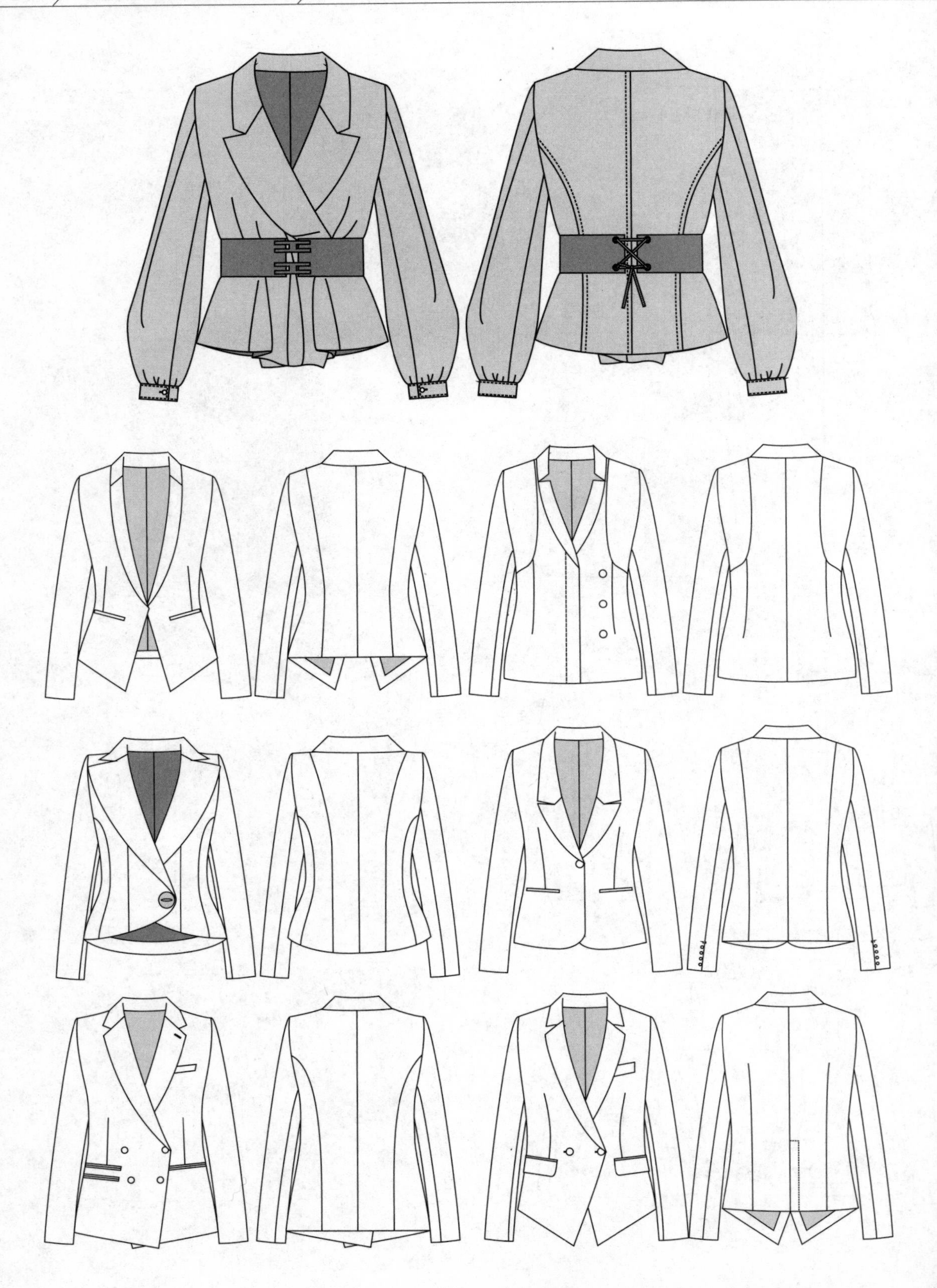

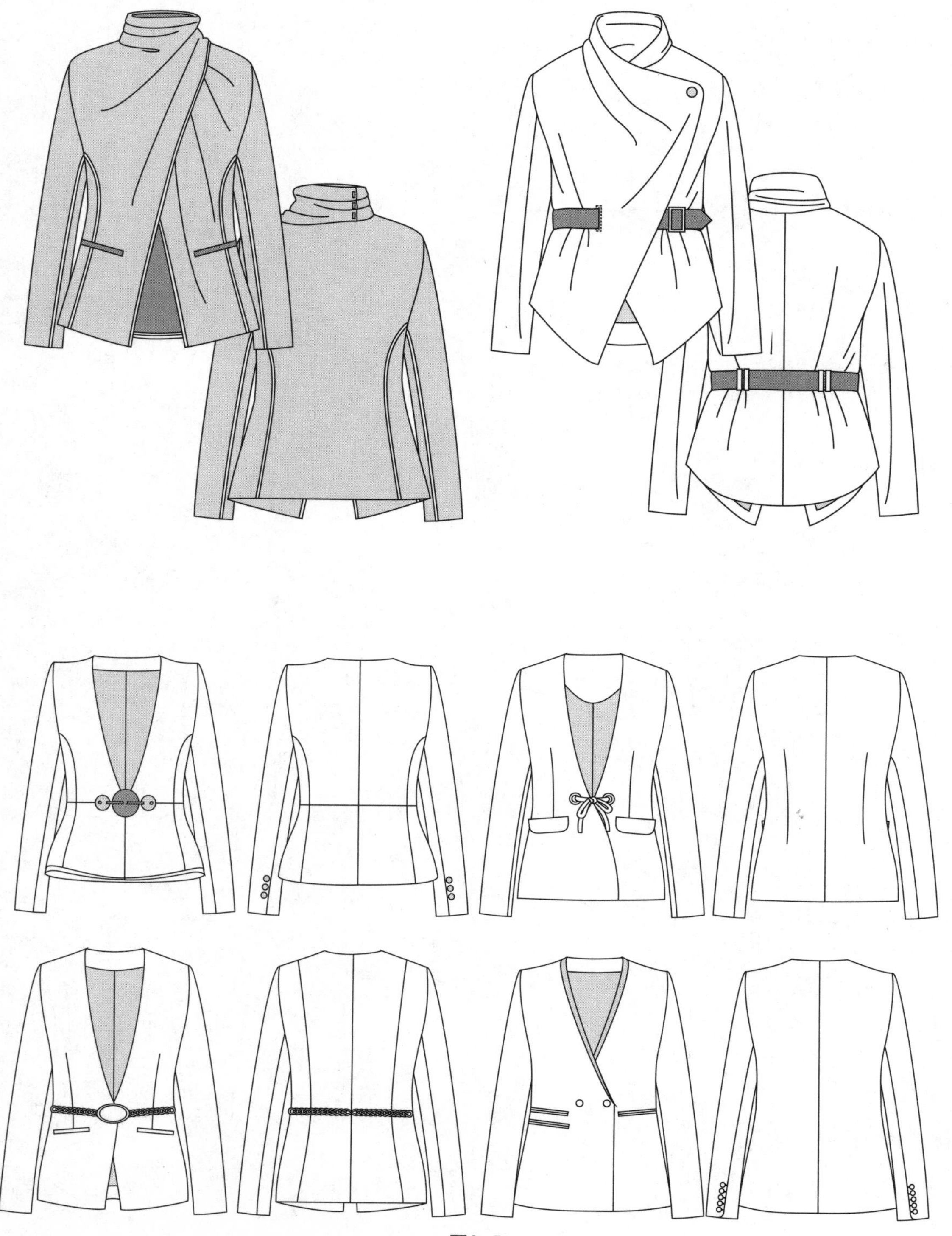

图3-5

图3-5 西服

六、夹克

夹克是由工作外套演变而来，衣身宽松，长度及腰，袖口和下摆通常用松紧带或罗纹面料收紧，缝处多以明线装饰的服装款式。夹克穿着舒适，方便，便于活动，是休闲风格和运动风格女装中的主要品类之一。按其造型特征，夹克可分为飞行员夹克、棒球夹克、机车夹克、牛仔夹克和香奈儿（Chanel）夹克等。

（一）主要款式及其特点

1．飞行员夹克

飞行员夹克原专门为飞行员设计的外套，其衣身多为皮革面料，翻领饰有毛皮。现在将具有多口袋和带襻装饰、下摆束口的短夹克都归于此类，而面料的采用也不再局限于皮革，尼龙面料也经常被设计师使用。

2．棒球夹克

棒球夹克也称为棒球服、棒球衫，其衣长较短，通常领部为罗纹立领，袖口和衣身下摆罗纹收口，多采用装袖和插肩袖，衣身上一般有标志和图案装饰，整体风格富于运动感，男女款式通用。

3．机车夹克

机车夹克廓型多为H型，衣长较短，多采用皮革面料，有金属铆钉、金属拉链、流苏和皮带装饰，气质中性硬朗，是街头风格和朋克风格的主要款式之一。

4. 牛仔夹克

用牛仔面料制作的夹克款式。

5. 香奈儿夹克

此款夹克因为它的设计者香奈儿得名，这种软呢无领短外套廓型为H型，领口、门襟、袖口和口袋边缘有饰带装饰，风格利落、优雅。

（二）款式设计重点

1. 分割线

在众多的外套类型中，夹克和西装一样也有相应的经典形态作为参照，款式大多相对固定，因而分割线在夹克的款式设计上处于很重要的位置，有相对比较大的设计空间。

2. 图案

在飞行员夹克、棒球夹克和牛仔夹克的设计中，文字、图案等各种标徽图形的选用以及装饰位置的考虑，是不容忽视的设计重点。

（三）夹克设计案例（图3-6）

图3-6

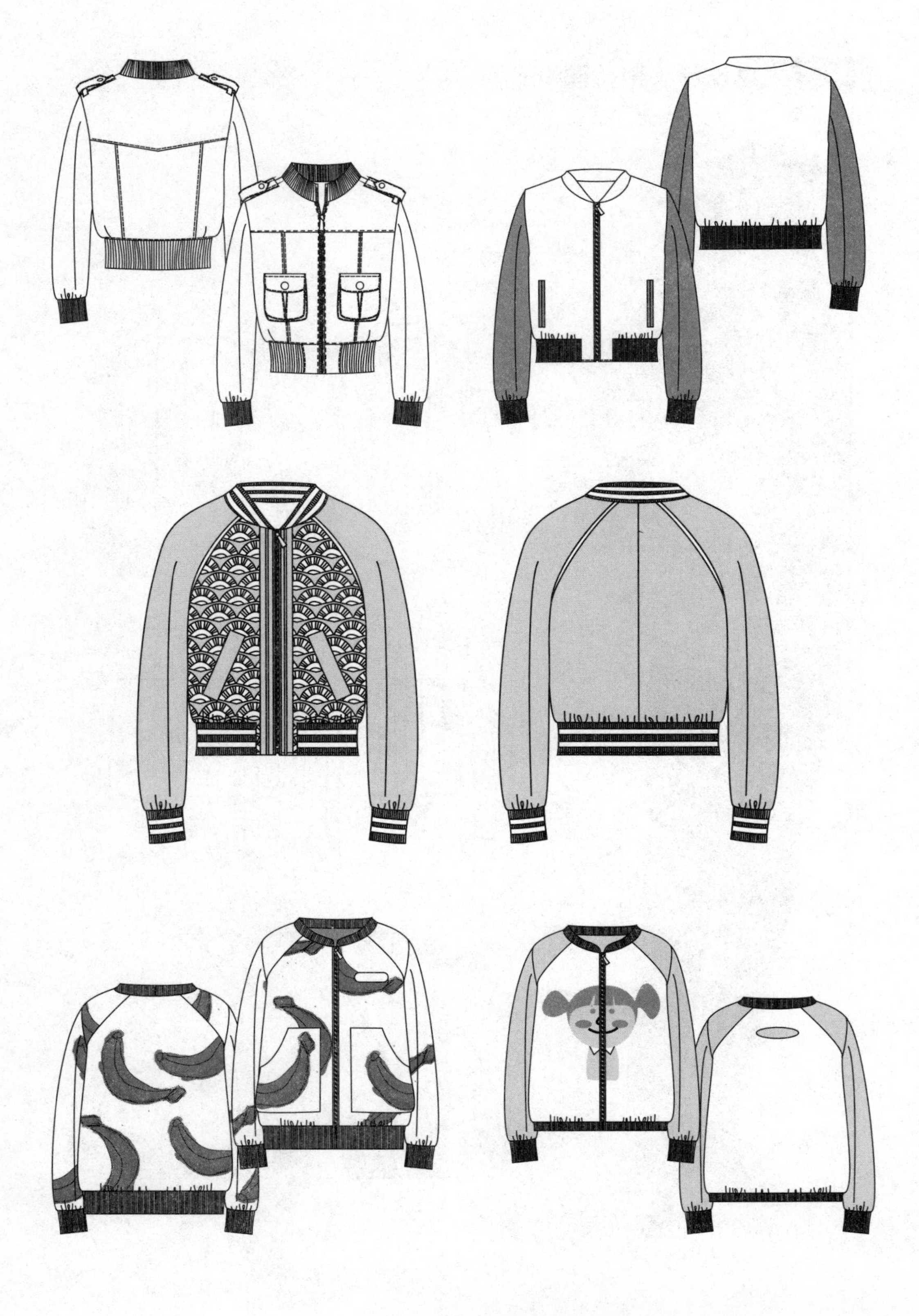

图3-6

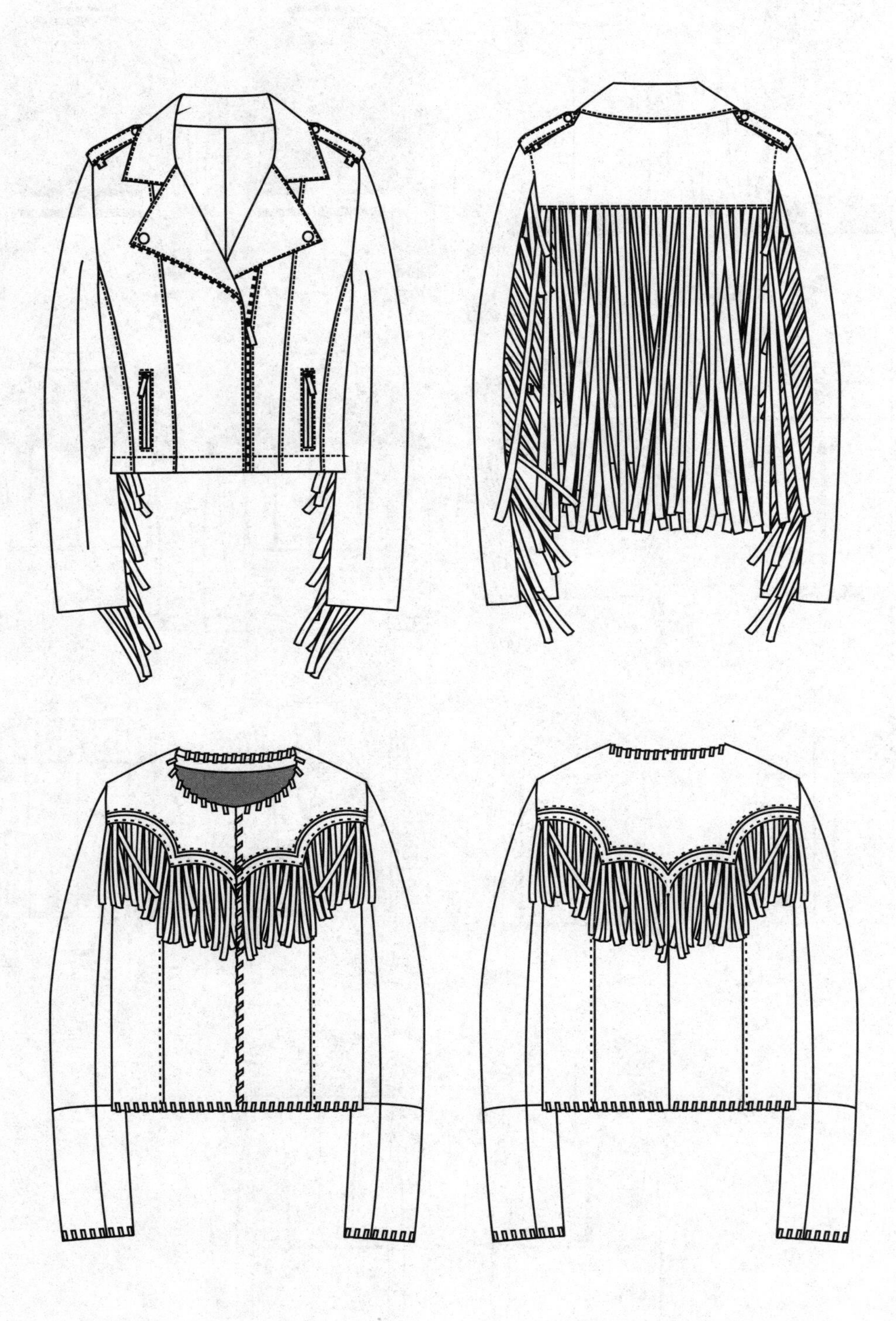

图3-6　夹克

七、风衣

风衣又称为“风雨衣”，意为可以挡风遮雨的服装。这种起源于军事用途的服装廓型多为X型，腰部系带，辅以双排扣、插肩袖、前后过肩设计、拿破仑领、前后防风衣片、肩襻、袖襻的细节设计。现在，风衣是春秋季常有的女装款式之一，且样式也在原有基础上衍生出丰富的变化，按长短分，可分为短风衣、长风衣，主要的类型有战壕式风衣、巴宝利（Burberry）式风衣、商务式风衣等。

（一）主要款式及其特点

1. 战壕式风衣

战壕式风衣因其在第一次世界大战的美国陆军战士中服用而得名，其肩部的披肩式双层设计不仅具有极好的防水功能，也是战壕式风衣的标志性款式特征。战壕式风衣多采用防水面料制成，肩章和腰带具有功能性和装饰性的双重性能。

2. 巴宝利式风衣

巴宝利式风衣因巴宝利品牌创始人托马斯·巴宝利（Thomas Burberry）发明与制作的独特防水面料而得名。其肩襻、前胸枪挡、后背雨挡、颈部锁扣和袖襻设计都显示出了巴宝利风衣最初的军服特质，而现在，这种特质在女款中被继续保留了下来，体现出潇洒、帅气的中性风格。

3. 商务式风衣

相对战壕式风衣和巴宝利式风衣，商务式风衣具有更加都市化的外观。内部的分割和装饰更加精简，整体外部款式造型也趋于简洁，更适合日常穿用。

（二）款式设计重点

1．廓型

风衣廓型多为H型，可通过束腰和不束腰改变外轮廓形态，少数品牌也有O型廓型的产品生产，衣长可根据设计需要调整。

2．分割线

风衣的分割线主要以两种方式体现：一种来源于衣片本身，另一种来源于风衣独有的雨挡、披肩等层叠设计所带来的视觉效果。不管是哪一种方式，这些线条都在视觉上造成了服装表面的区域划分，因而在设计时不仅需要认真考虑分割线的形状和走向，还需充分考虑分割区域之间所形成的节奏和比例关系。

3．领

风衣通常具备防风功能，因而其领型除了单层形态外，也多采用双层设计。所以，在风衣的领部设计中，除了运用常规单层领的设计方法外，还要在设计双重领甚至多重领时注重不同领面的宽窄、大小和形态之间的关系，在统一中寻找变化。

4．其他细节

在风衣的款式设计中，既要遵循风衣中前后防风衣片、肩襻、袖襻和腰带这些具有代表性的经典细节特征，又不能原样照搬，而应该在经典形态的基础上，加入流行的元素，加入新的变化。

（三）风衣设计案例（图3-7）

图3-7

图3-7

图3–7

TONY
TONY
TONY
TONY
TONYTONY
TONYTONY
TONY
TON
TONYTONY
31
ROSE

图3-7

图3-7 风衣

八、大衣

大衣是冬季女装的主要类型，款式丰富，多穿着于外套或毛衫之外，面料较厚，具有较好的防风、保暖性。按长短，可分为短大衣、中长大衣和长大衣；按廓型，可分为H型大衣、A型大衣、O型大衣、X型大衣等。

（一）主要款式及其特点

1．达夫大衣

达夫大衣最初为北欧渔夫所穿的实用性便装短款大衣类型，具有木扣和皮革固定的扣襻为特征，通常用羊毛织物制成。

2．围裹式大衣

围裹式大衣具有舒适宽松的大衣廓型，配以腰带系扎。

3．西装大衣

西装大衣具有和经典西装外套相似的外观特征，但廓型更为宽松，衣长略长。

4．斗篷式大衣

斗篷式大衣为披用式的大衣，A型轮廓，敞口无袖，外出穿用时起外衣的作用。

（二）款式设计重点

1. 廓型

在众多的外套类型中，大衣属于并无太多设计的款式类型，因而廓型设计的空间较大。在设计中，可在保证功能性、服用性以及美观的基础上，根据经典的H型、X型和A型大衣进行改变，也可根据风格需要选取其他的形态。

2. 分割线

由于大衣为冬季服饰的主要类别，保暖性为其基本的功能属性，大衣的面料一般都较为厚重，基于缝纫工艺和服用舒适性的考虑，大衣中的分割线一般较少，如果采用，分割线的形态和位置也需谨慎考虑。

3. 领

领型设计是大衣款式设计的重点之一。在设计中要充分考虑衣领大小和衣身大小的比例关系，开领位置和衣身长短的关系，衣领形状和整体风格的关系。

4. 袖

作为秋冬季最主要的服装，大衣具备挡风保暖的实用性功能，因此，衣袖是大衣不可或缺的部分。大衣的衣袖长度大都以长袖为主，少数大衣为了达到特殊的整体设计效果会采用中袖、七分袖或者九分袖。大衣袖肥一般设计的较为宽松，因为其需要为相对较厚的内搭考虑足够的空间。

（三）大衣设计案例（图3-8）

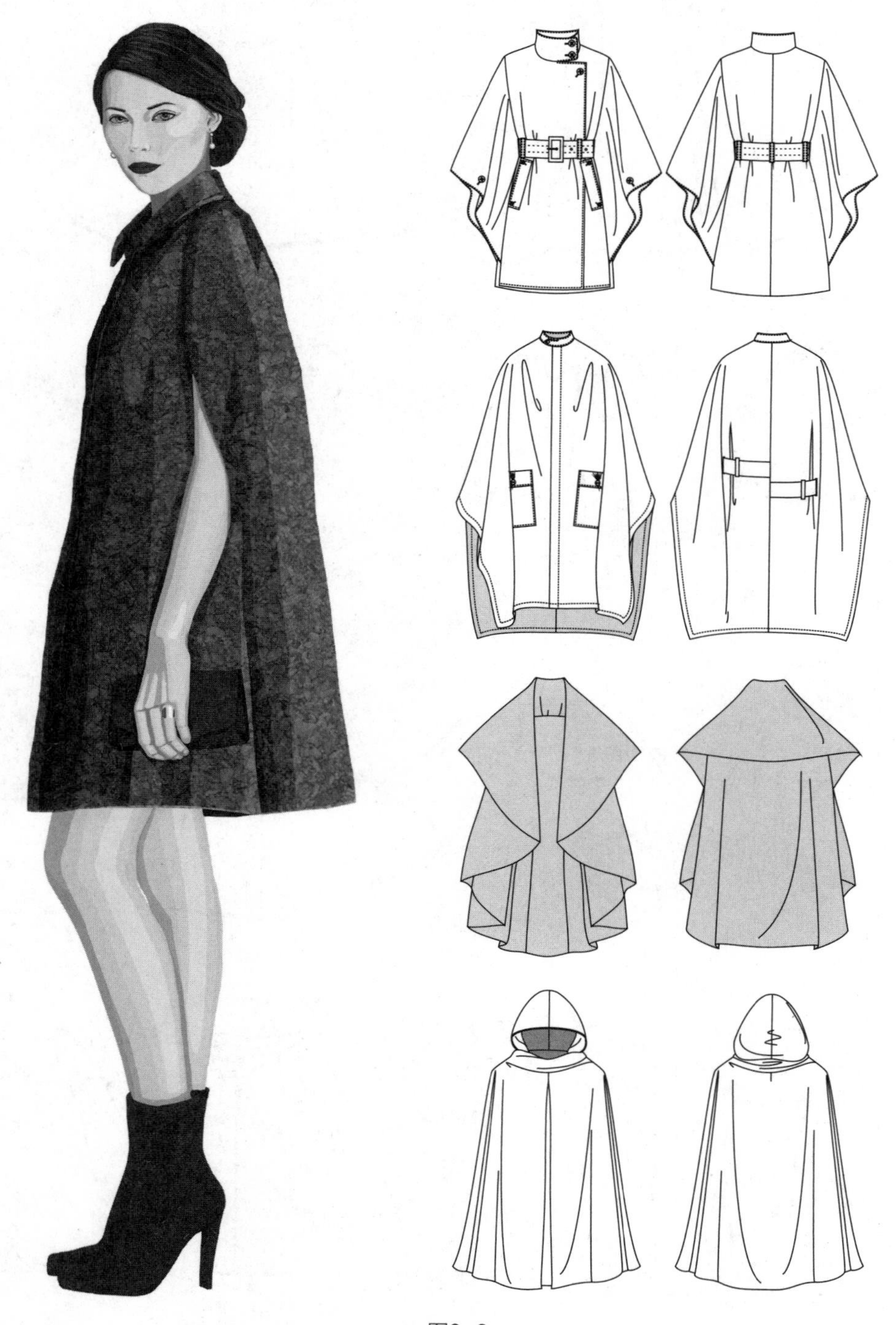

图3-8

图3-8

图3-8

图3-8

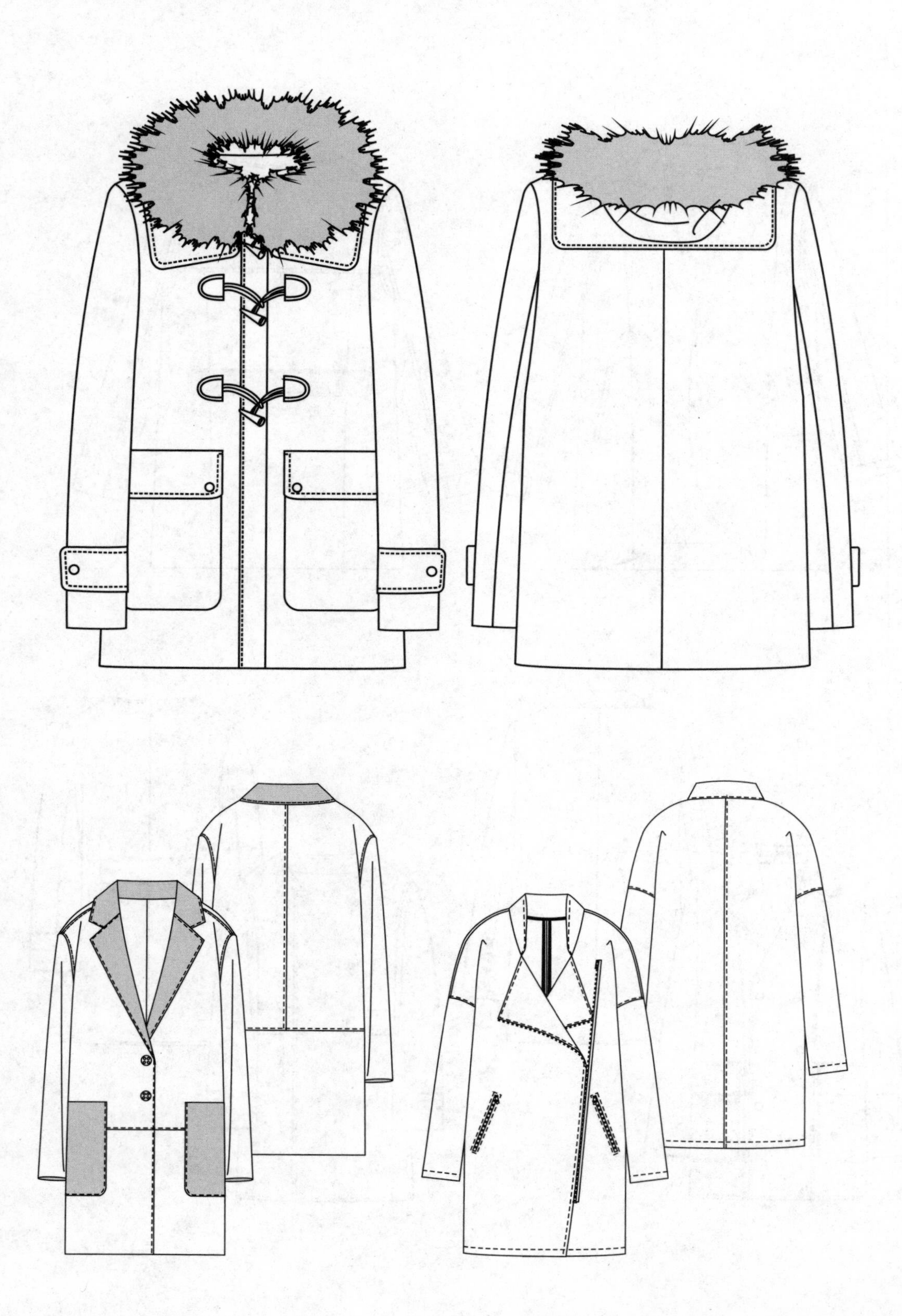

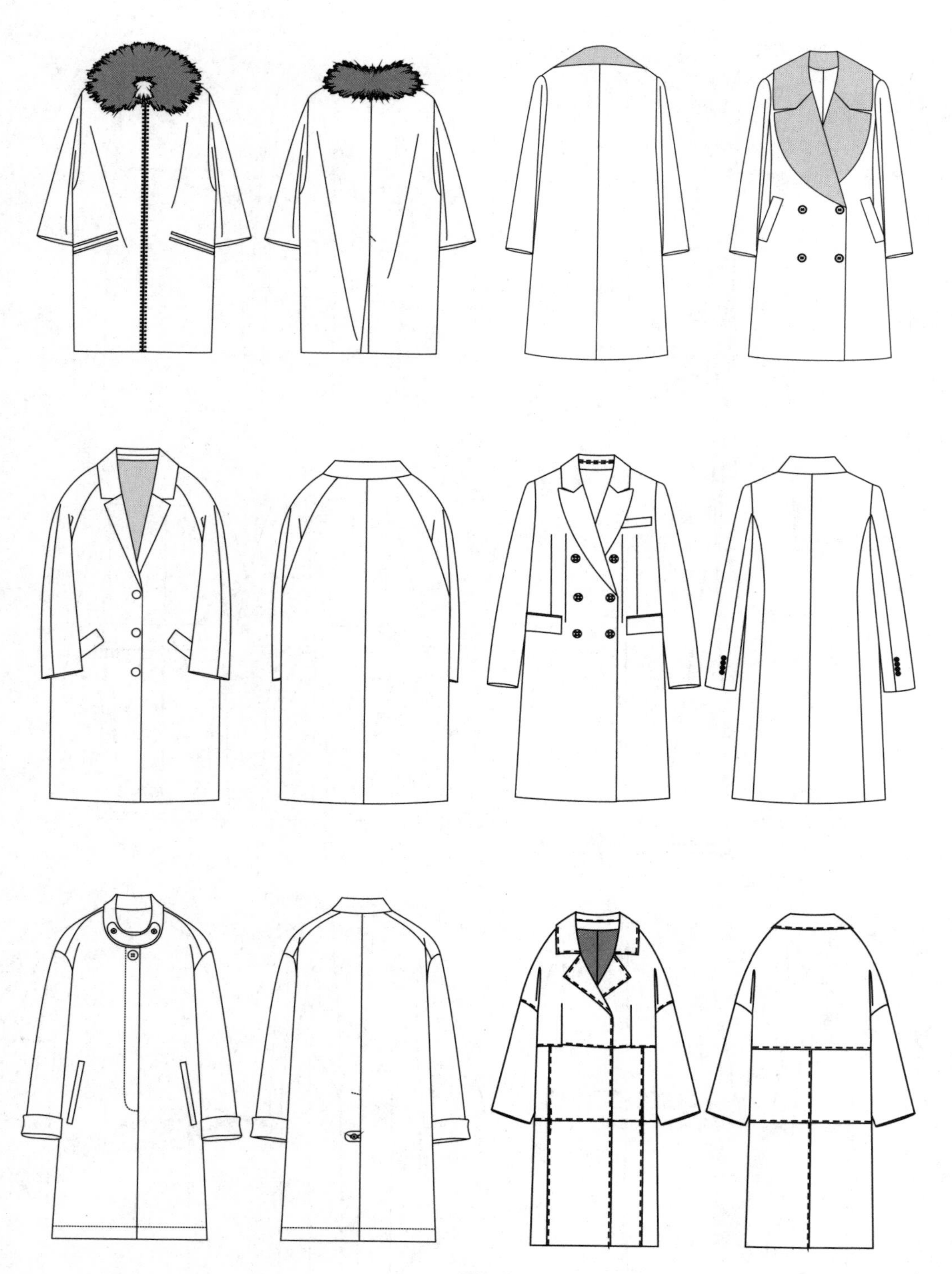

图3-8

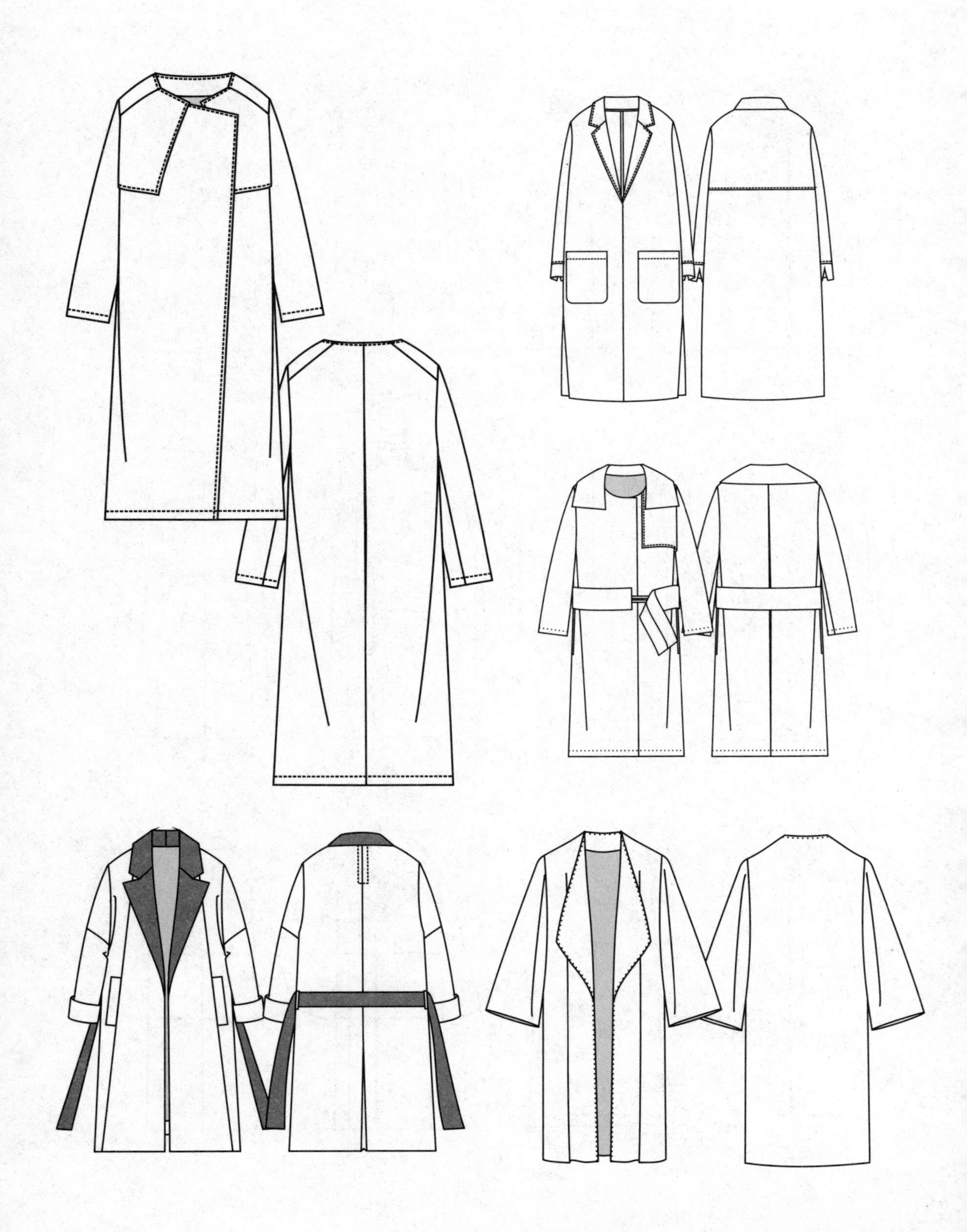

图3-8

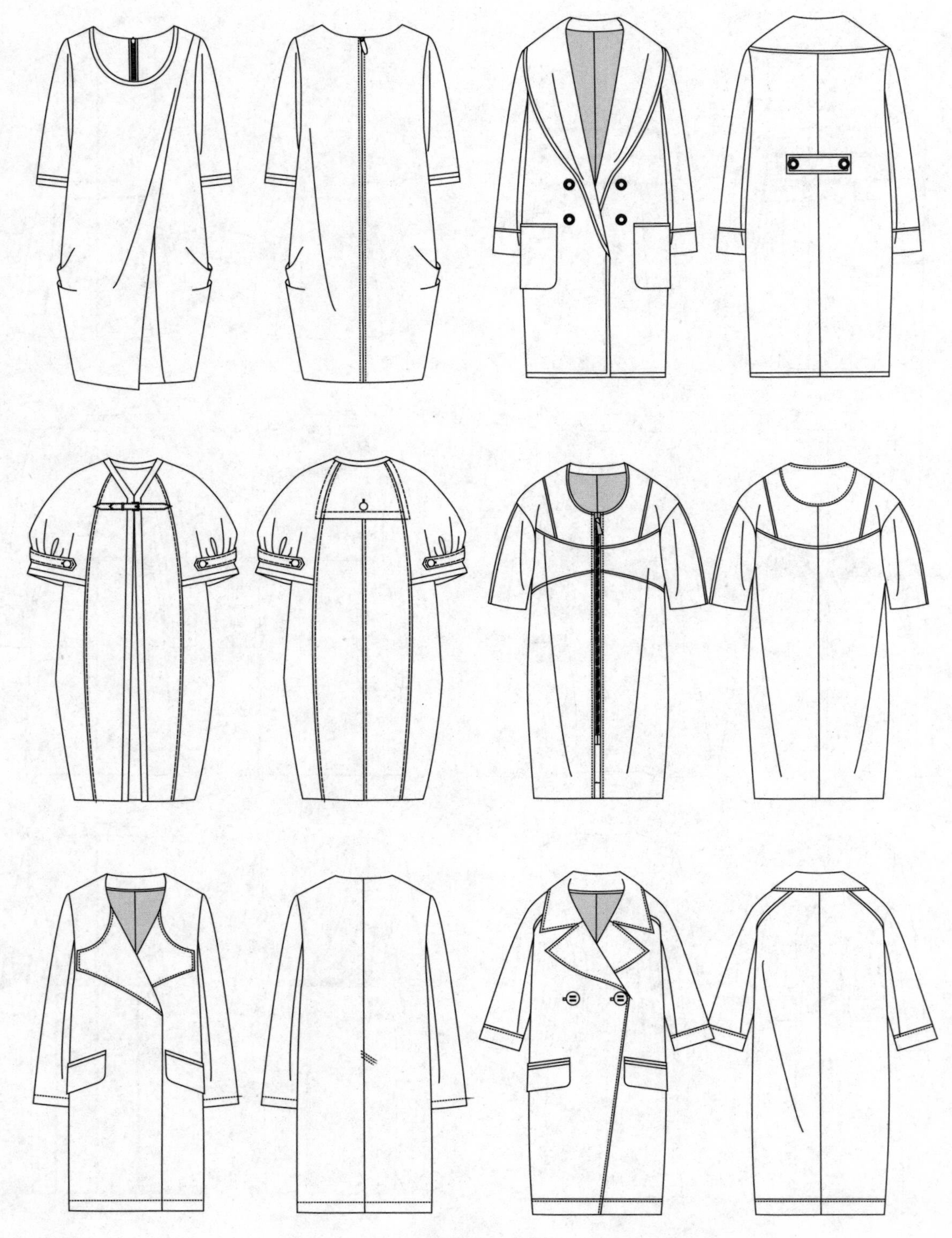

图3-8 大衣

九、填充式外套

填充式外套即在外层衣面和内层衬里之间加入了填充物的外套款式。填充式外套强调服装的保暖性，为冬季的主要服装之一。根据款式不同，可分为夹克款、大衣款等；根据填充物的不同，可分为棉服、羽绒服等。

（一）主要款式及其特点

1．夹克款填充式外套

夹克款填充式外套具备了夹克的基本外观特点，一般来说衣身较宽松，长度比春秋款夹克略长，但下摆一般在臀围线以上，袖口和下摆通常用松紧带或罗纹面料收紧，多有口袋和布标等装饰。夹克款填充式外套穿着舒适，保暖同时也利于着装者活动。

2．大衣款填充式外套

大衣款填充式外套廓型多样化，主要形状为H型和X型，也有少量O型。衣长由臀围线到脚踝处不等，但下摆基本为敞口形式，其保暖面积大，保暖效果好，但如衣长过长、款式过于宽松或填充物过厚，会显得较为臃肿且不利于着装者进行活动。

（二）款式设计重点

填充式外套的款式造型大都是基于夹克、大衣等外套的基本形式，其款式特点和设计重点与该种外套的基本款式相同，唯一需要额外考虑的是填充物的厚薄对功能性和外造型的影响。

（三）填充式外套设计案例（图3-9）

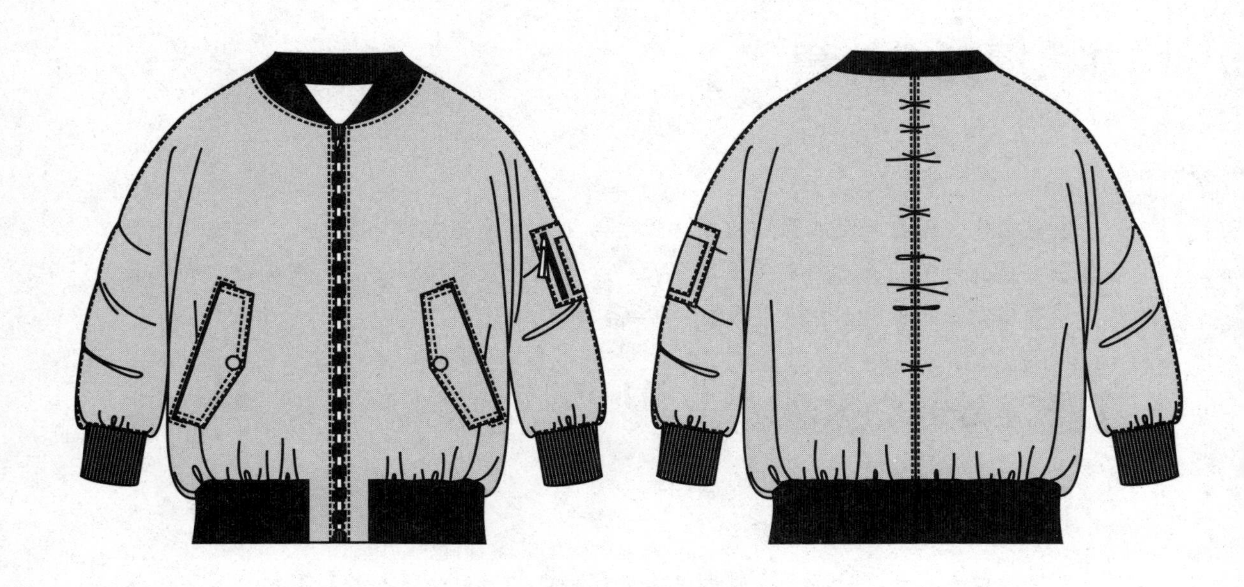

图3-9

图3-9

图3-9

图3-9　填充式外套

十、半裙

半裙，也称为腰裙、半截裙。指面料覆盖人体下半部，且不区分两腿区域的服装款式。

按长度，半裙可分为超短裙、短裙、及膝裙、过膝裙、中长裙、长裙、拖地长裙等；按腰节位置，半裙可分为低腰裙、中腰裙、高腰裙等；按裙和裙腰的关系，半裙可分为无腰裙、上腰裙和连腰裙；按款式特点，半裙可分为筒裙、斜裙、鱼尾裙、裹裙、0型裙等。

（一）主要款式及其特点

1．筒裙

又称直筒裙，指从裙腰开始紧贴人体并至臀围线开始自然垂落的筒状或管状裙。常见的有旗袍裙、西装裙、夹克裙等。筒裙充分展现人体腰臀线条，款式优美大方，多见于正式及通勤类裙装中。筒裙包裹人体较紧，为人体所能提供的活动量较小，因而除极短款和采用具有弹性面料的筒裙外，筒裙大都通过下摆开衩的工艺来解决人体活动量的问题，也有部分款式通过褶裥工艺来实现。

2．斜裙

由腰部至下摆斜向展开的裙。按裙型构成方式，斜裙可分为单片斜裙和多片斜裙。单片斜裙又称圆台裙，是将一块幅宽与长度等同的面料，在中央挖剪出腰围洞的裙，宜选用软薄面料裁制。多片斜裙由两片及两片以上的扇形面料纵向拼接构成。通常以片数命名，有2片斜裙、4片斜裙、16片斜裙等。

按适体度，斜裙可分为A型裙和喇叭裙。其中，A型裙属于适体型斜裙，其款式上部廓型与人体腰臀形态吻合，由臀围线开始，外侧缝线向外倾斜，下摆稍显宽松；相对A型裙而言，喇叭裙的上部廓型可与人体腰臀线条吻合，也可较人体腰臀形态放大夸张，但下部裙摆一定具备较大的围度，并在裙摆处形成明显的面料余量的褶皱。

斜裙的款式特征为人体行走时腿部提供了较大的运动空间，因而在功能上能够满足人体活动的需要，而在外观形态上，短款的斜裙能带来活泼、俏皮的效果，而长款的斜裙具有浪漫风格。

3. 鱼尾裙

是裙型上部适体，自膝盖处逐渐展开成喇叭状裙摆的裙型，因其形态与鱼尾相似而得名。鱼尾裙裙长过膝，款式优雅，既强调了女性腰臀及大腿的曼妙曲线，也强调了夸张的下摆，多用于复古风格的女裙设计和礼服设计中。

4. 裹裙

也称为缠绕裙，即用布料缠绕躯干和腿部，用立体裁剪法裁制的裙。因缠绕方法不一，裙式也多种多样。常见的款式有钟形裙、超短裙、褶裥褶裙、节裙等。

（二）款式设计重点

1. 廓型

H型裙端庄大方；A型裙活泼生动；O型裙俏皮可爱；S型裙成熟性感。在进行款式设计时，应根据所需风格，选择恰当的裙廓型突出设计主题。

2. 腰节

腰节线的位置设计直接影响裙装造型的比例关系，是裙装造型变化的关键部位，另外腰节部位腰头的宽窄和形状也是表现设计细节的重要部分。

3. 裙底摆

裙底摆的造型多种多样，赋予裙子婀娜多姿的美态。裙底摆造型主要分为平底摆和变化底摆。平底摆是较为常见的造型形式，其简洁明快，大方实用；变化底摆有多种形式，如前短后长底摆、弧形底摆、斜底摆、不规则几何形底摆等，造型丰富，富有设计感和动感。

4. 分割线

裙子的分割线由结构线和装饰线共同构成。结构线将裙子款式由平面形式通过缝制后转化为立体形式，它依据人体的体型特征和穿用需求而出现；装饰线以突出线形的变化达到装饰的效果，形式自由灵活，丰富和美化裙子的内部造型。

有时两种线型可以合二为一，使其结构新颖又兼具装饰效果。

5. 裙长

裙子有不同的长短形式，与其他结构共同构成了裙的款式变化。长裙整体造型飘逸修长，成熟大方；中裙长度适中，端庄典雅；短裙简洁利落，活泼可爱。

（三）半裙设计案例（图3-10）

图3-10

图3-10

图3-10

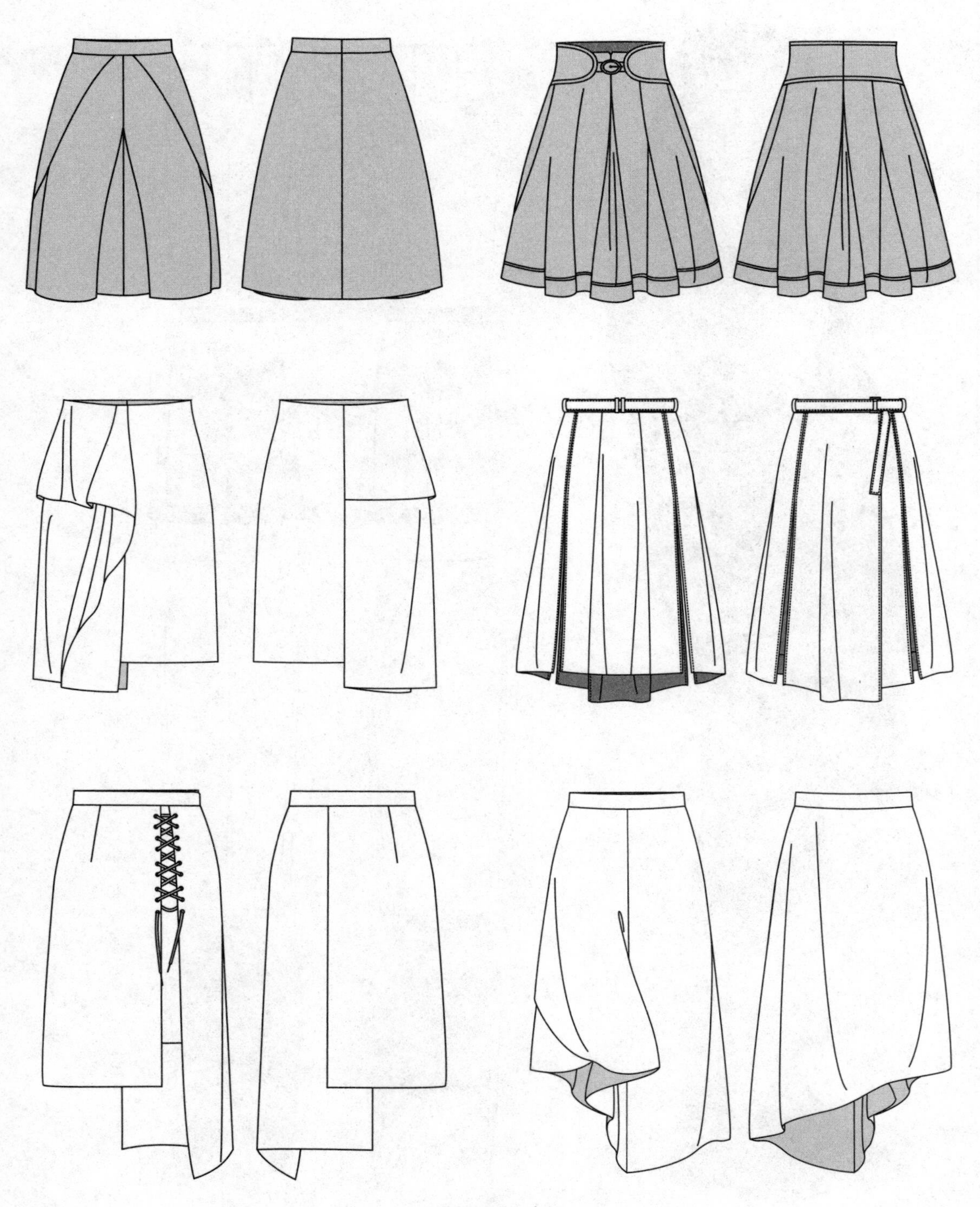

图3-10 半裙

十一、背带裙

背带裙为半裙的衍生款式，即裙型核心部分为半裙款，但在裙腰上加入背带的款式。背带裙款式休闲，搭配T恤、衬衫和针织衫穿着，深受年轻女性的喜爱。

（一）主要款式及其特点

主要款式及其特点同半裙。

（二）款式设计重点

1．背带

背带裙的背带设计相对比较自由灵活，没有固定的设计，但在设计时需充分考虑背带与半裙的颜色、宽窄、材质、风格和造型的变化和统一。

2．裙

背带裙由背带和半裙组合而成，裙身部分和半裙的设计重点相同。

（三）背带裙设计案例（图3-11）

图3-11

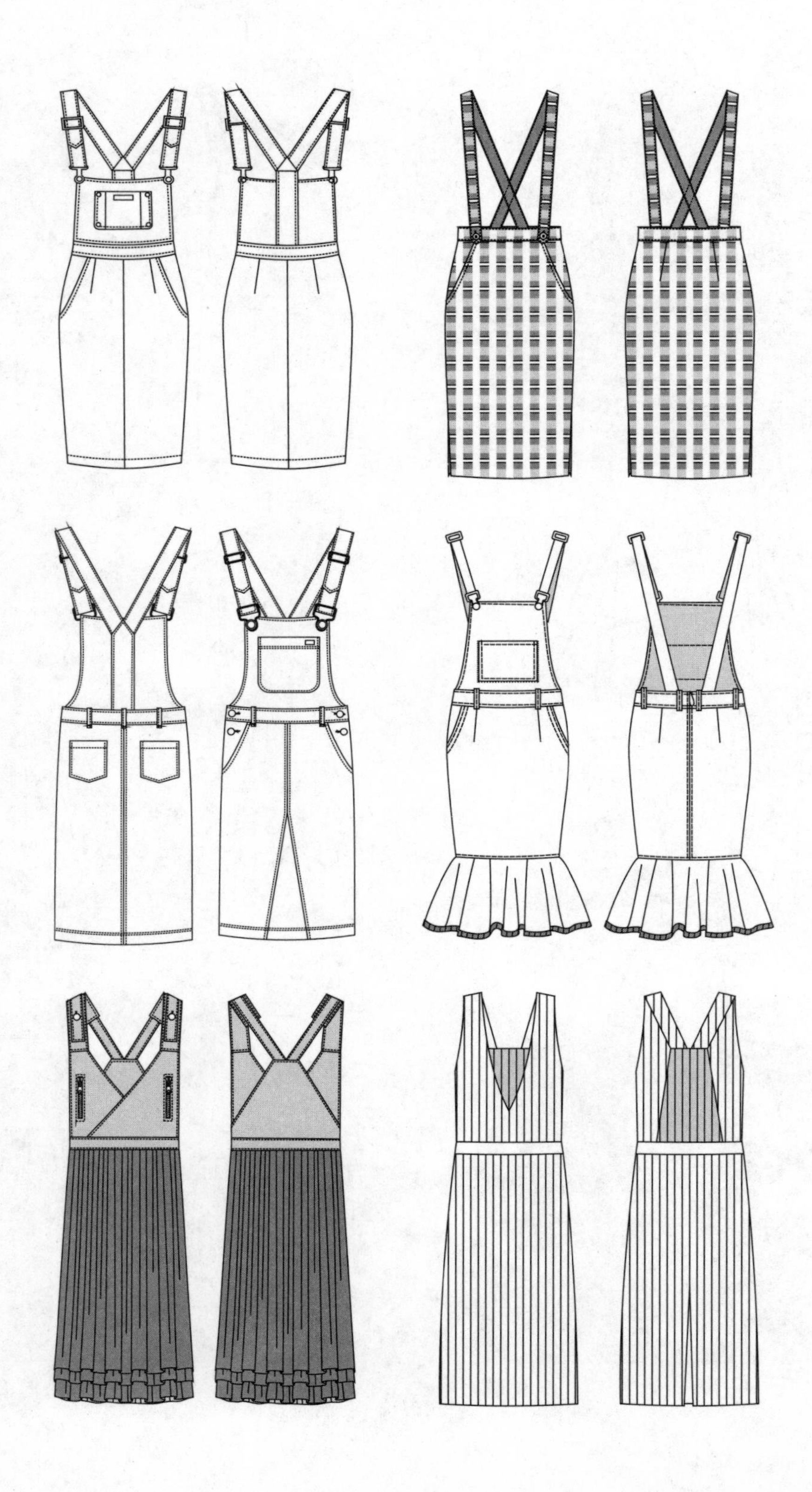

图3-11　背带裙

十二、连身裙

连身裙也称连衣裙，是自上而下覆盖人体，上衣和半裙相连的服装款式。由于连身裙是由上下两部分组合而成，按外廓型特点，可分为A型、H型、O型等；按长度，可分为超短裙、短裙、及膝裙、长裙和拖地裙；按腰节位置，可分为高腰裙、中腰裙和低腰裙。

（一）主要款式及其特点

连身裙的款式具有半裙和上衣的综合造型特征，因而变化极其丰富，故不能以几种款式简单概括。

（二）款式设计重点

1. 廓型

H型、A型、X型为较常用的连身裙廓型，而独具风格的O型和T型也有不少女装品牌在产品中应用。

2. 腰

连身裙的腰节造型分为连腰和断腰两种形式。连身裙腰节线的高低位置设计直接影响到裙装造型的比例关系。连身裙的腰围放松量大小形成裙身的紧身、适体与宽松的变化。设计中，腰节线的高低、腰节造型的变化、腰围放松量的大小共同构成了不同的裙装款式，是裙装造型变化的关键部位。

3. 领

连衣裙的领型设计一般不受固有的限制，表现形式多样，在设计中需考虑其与整体造型的协调和统一。

4. 袖

同领型一样，连衣裙的袖型设计一般也不受固有的限制，其表现形式丰富多彩，在设计中需考虑与整体造型的协调和统一。

5. 裙底摆

连衣裙的裙摆设计方式与半裙相似。

（三）连身裙设计案例（图3-12）

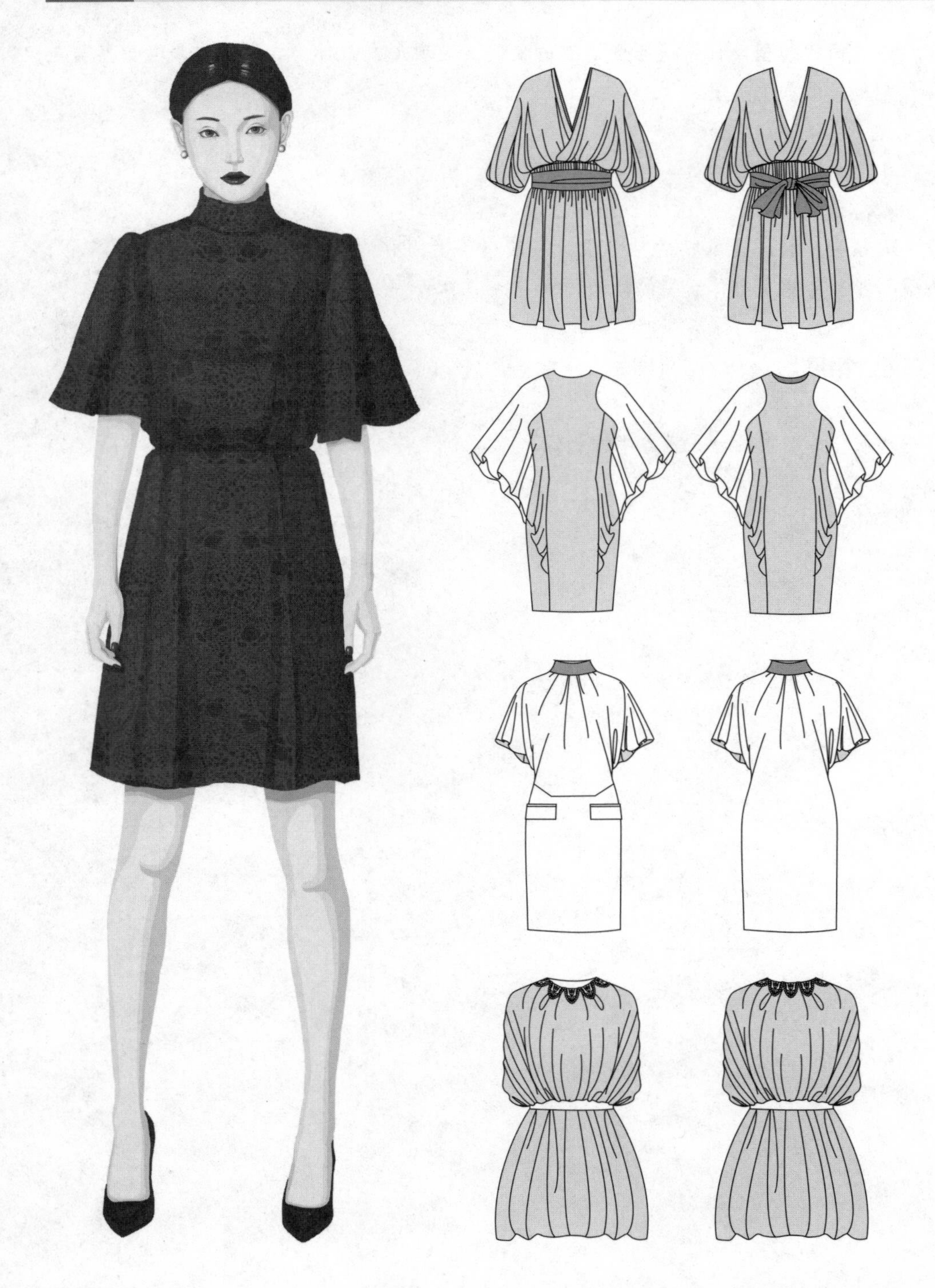

图3-12

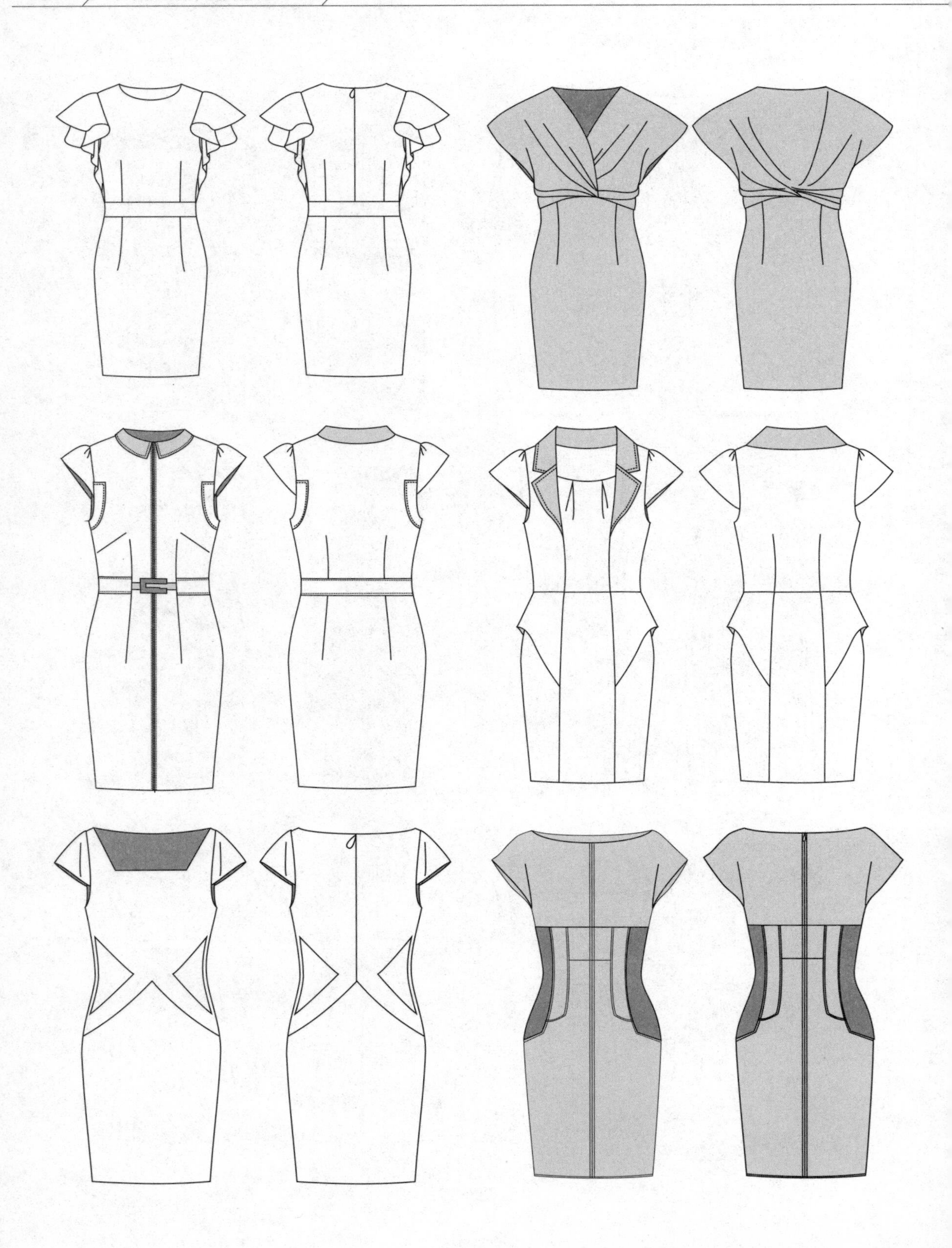

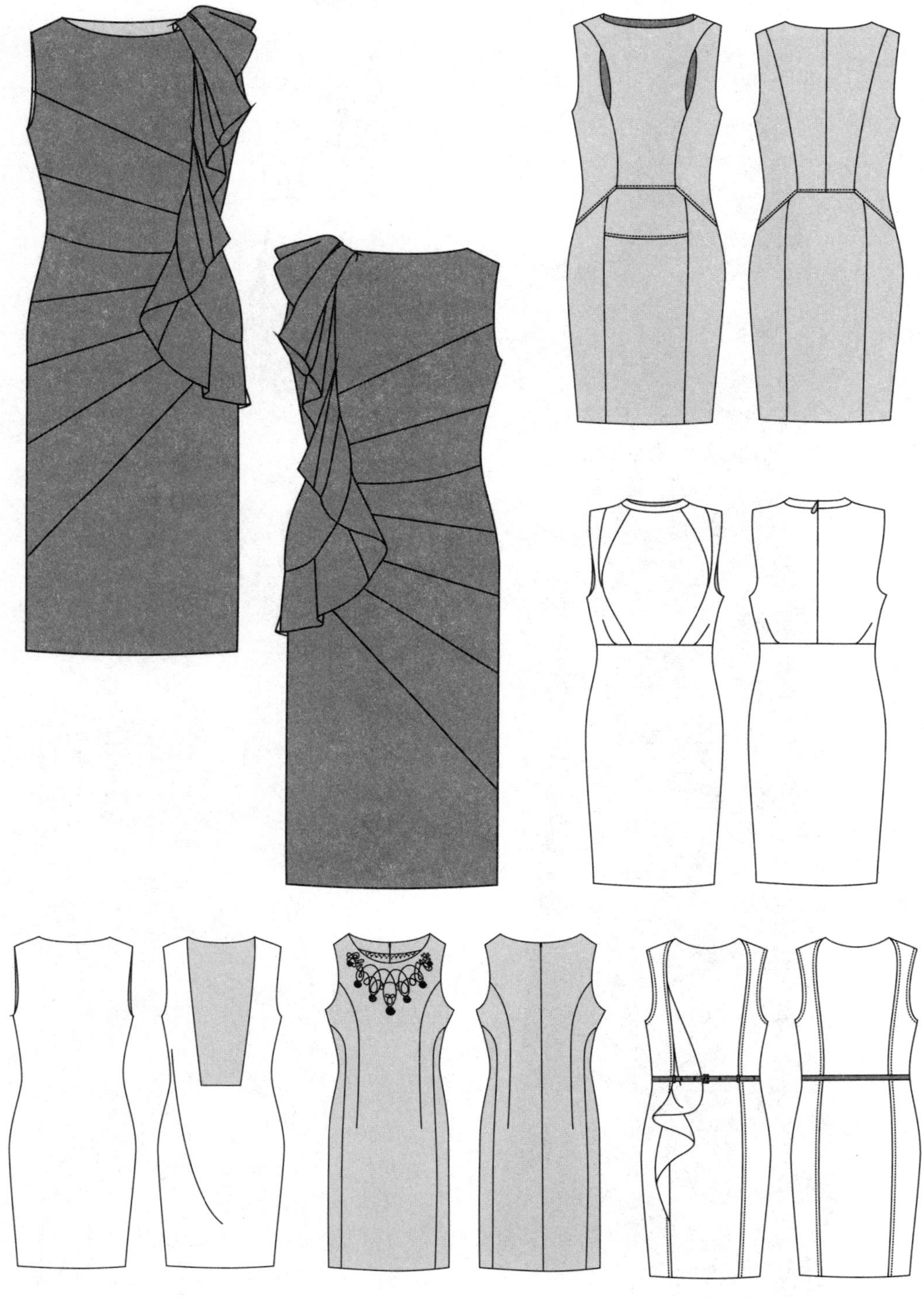

图3-12

图3-12

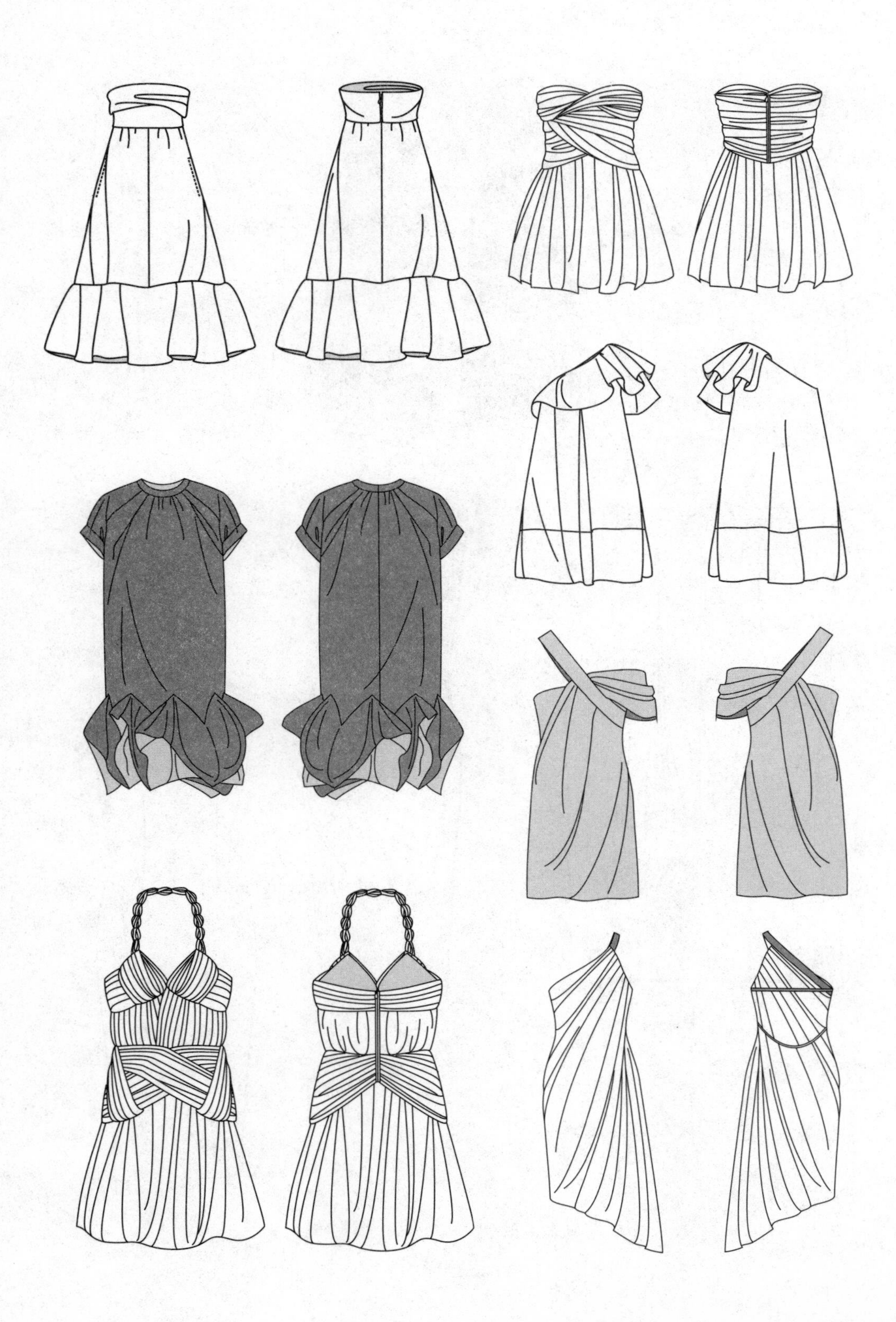

图3-12　连身裙

十三、裤

裤是包裹人体下半身的服装款式，它与裙装不同之处在于裤子在臀部以下分别包裹两腿。女裤是随着女权运动的兴起由传统男西裤造型演变而来的裤装穿着起来便于活动，因而逐渐受到女性的喜爱，现已由基本的西裤造型演变成多种形态。

裤按长短可分为超短裤、短裤、中裤、七分裤、九分裤和长裤；按造型特点可分为紧身裤、直筒裤、阔腿裤、膨体裤、锥形裤、哈伦裤、喇叭裤、裙裤等；按腰线的位置可分为高腰裤、自然腰线裤、低腰裤等。

（一）主要款式及其特点

1．紧身裤

紧身裤即紧紧包裹在腰臀部和腿部的裤型。该裤型能充分凸显人体腰臀腿部线条，多用弹性面料缝纫而成。

2．直筒裤

直筒裤指自立裆线以下裤腿宽度一致的裤型。直筒裤风格中性，是与传统男西裤造型最接近的裤型。

3．锥形裤

锥形裤指加大裤的臀围尺寸，然后自臀围线向下至脚口处收紧、缩小围度的，形同锥状的裤型。锥形裤穿着舒适，风格休闲。

4．哈伦裤

哈伦裤原为穆斯林妇女服装，现指加大臀围线尺寸的同时，加长立裆长度，上宽下窄的裤型。传统的哈伦裤裤型富有民族气息，而变化后的哈伦裤风格独特，深受时尚女性的喜爱。

5．喇叭裤

喇叭裤指腰臀部适体或紧裹，自大腿根部或膝盖处由上至下加大围度呈喇叭状的裤型。

6．裙裤

即款式构成上具有包裹两腿的裤管特征，但由于裤管自上至下围度加量较大，在外观上又呈现出裙子A型外观的裤子。裙裤穿着舒适、便于活动，可表现优雅或民族风格。

（二）款式设计重点

1．廓型

裤子的廓型可以修饰着装者的臀、腿外观线条，也决定了裤子的整体风格，如紧身裤体现性感风格、直筒裤体现通勤风格、喇叭裤体现休闲风格、连体裤体现工装风格等。因此，在裤子廓型的选择上，除需充分考虑针对人群的体态特点，也需根据所需表现的风格选择大的廓型范畴。

2. 腰

裤腰是裤子整体中最靠上的部分，裤腰形态是裤子款式设计中的重点，其高低状态也是调整立裆线上下比例的关键。一般来说，中腰高度相对常规，高腰风格优雅，低腰性感。此外，腰部设计还涉及腰的宽窄，腰襻的数量、长短和位置等。

3. 裆

裆的位置高低影响着装者穿着的舒适度以及裤子的整体风格。相对而言，立裆较低的裤子相对正常立裆长度的裤子，静止时穿着起来更加舒适，但双腿在迈步过程中的活动区域会相对减小，所以在设计时需综合考虑尺寸。

4. 脚口

除了常规的脚口设计外，在一些休闲风格的裤子中，可采用卷边和毛边的工艺方式，而在一些民族风格的裤子中还可采用滚边和嵌边的工艺。

（三）裤设计案例（图3-13）

图3-13

图3-13

图3-13

图3-13

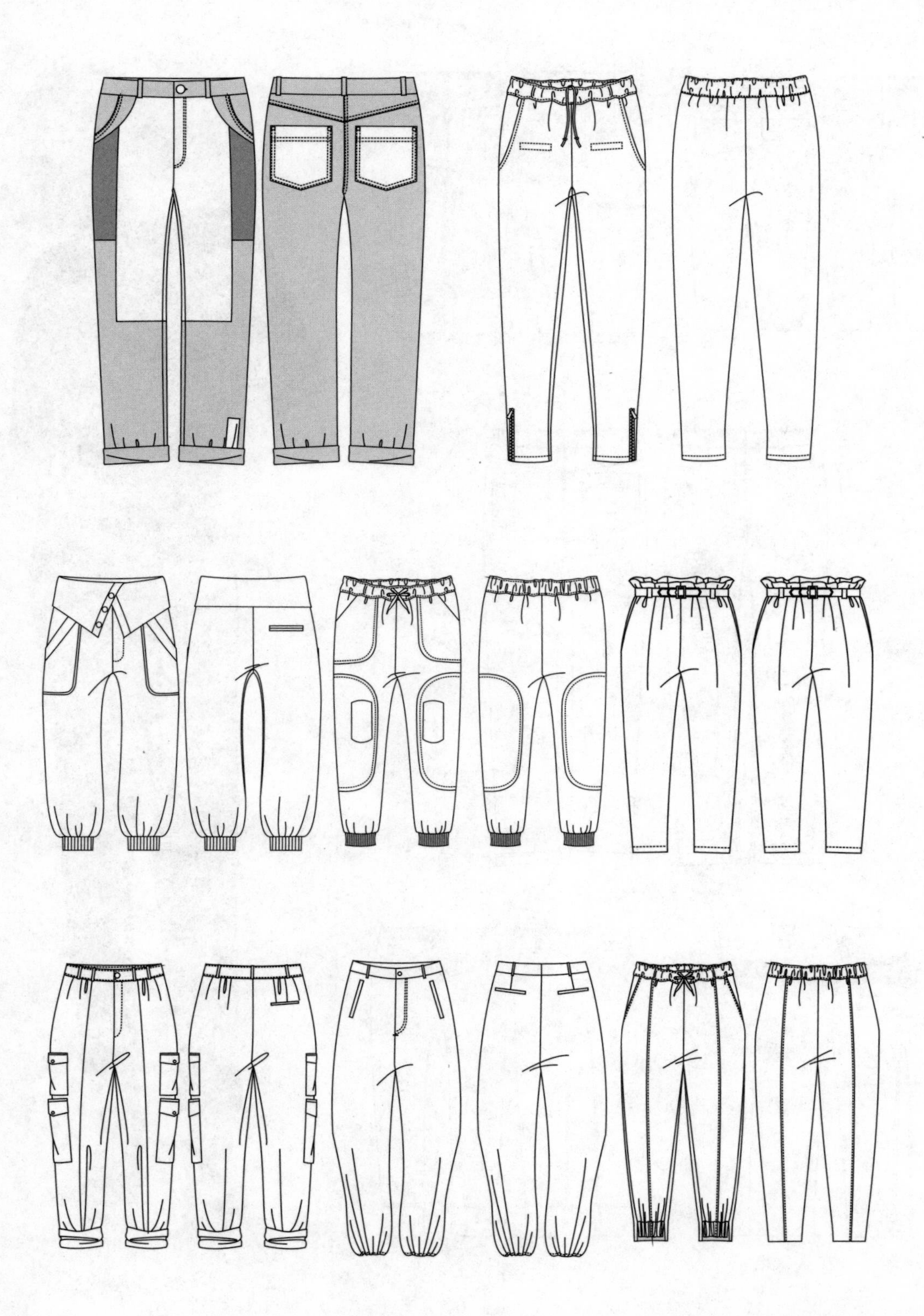

图3-13

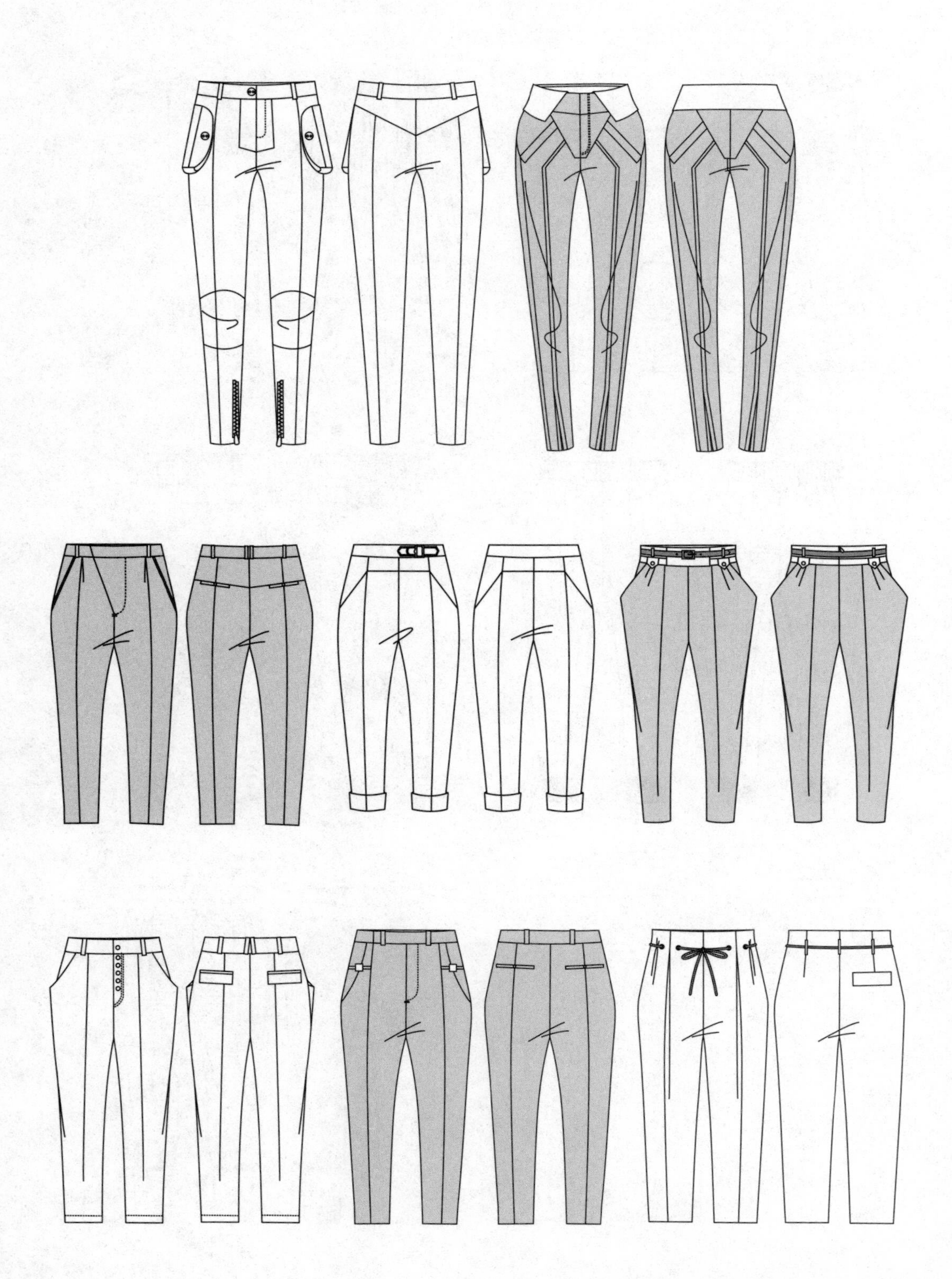

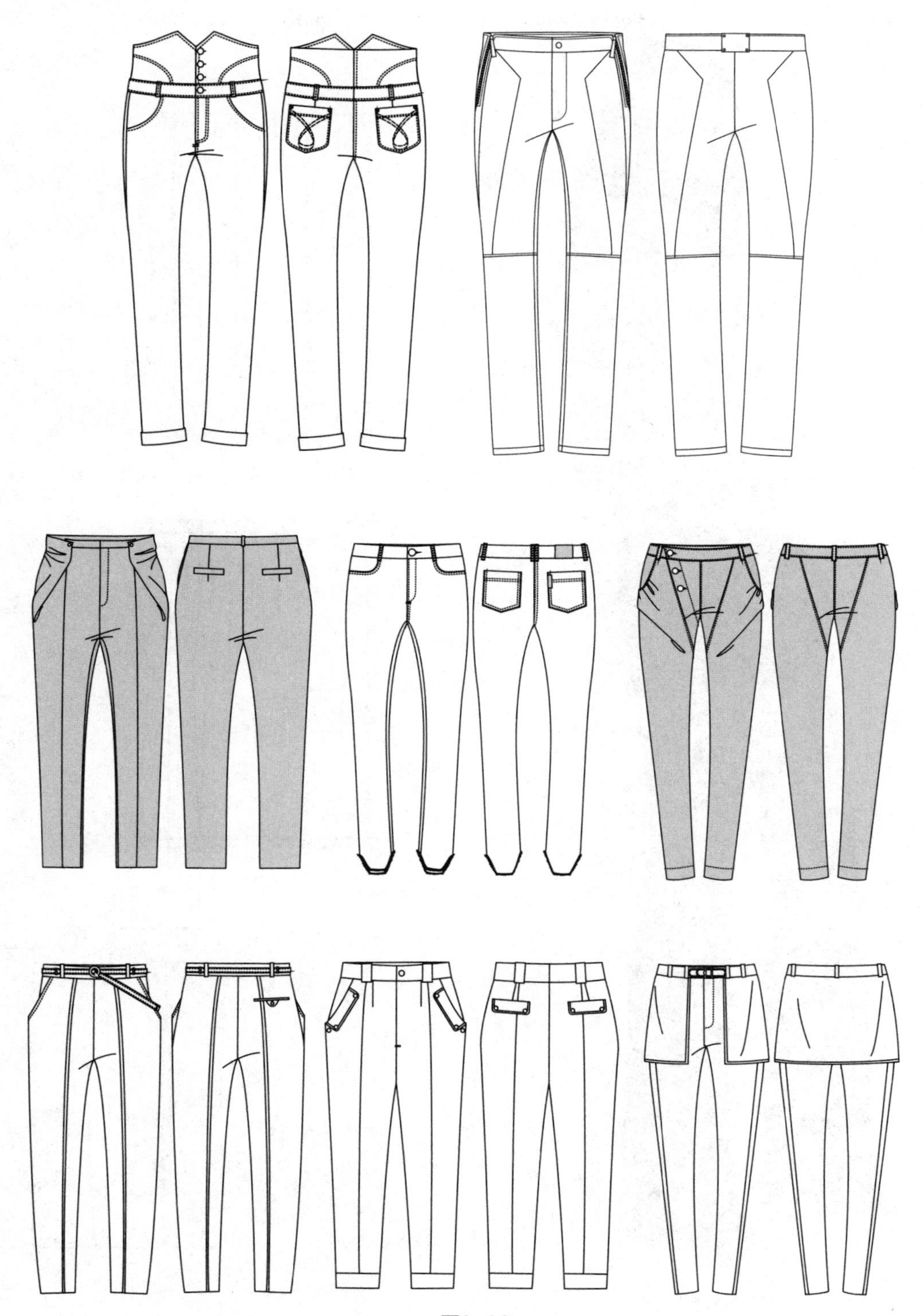

图3-13

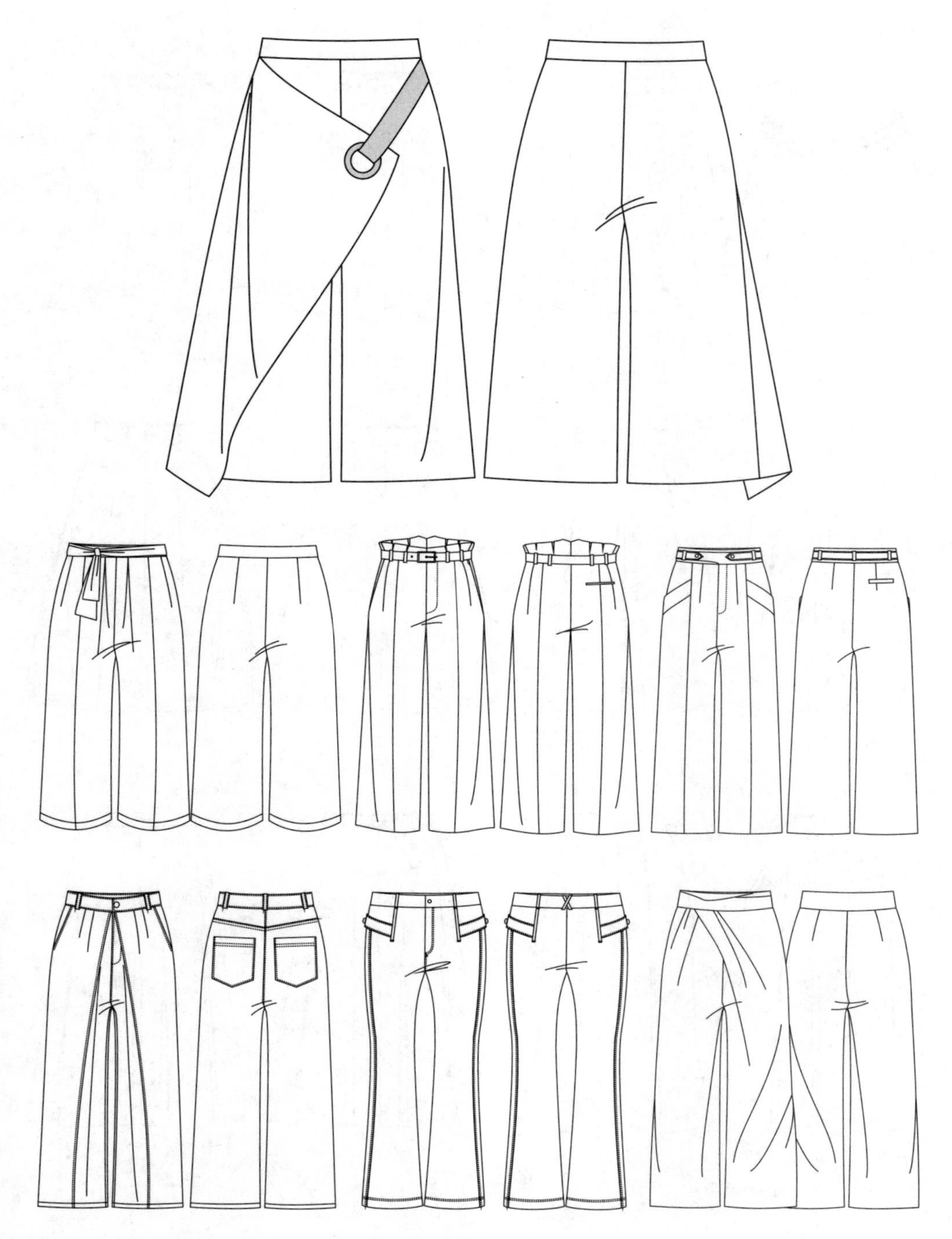

图3-13

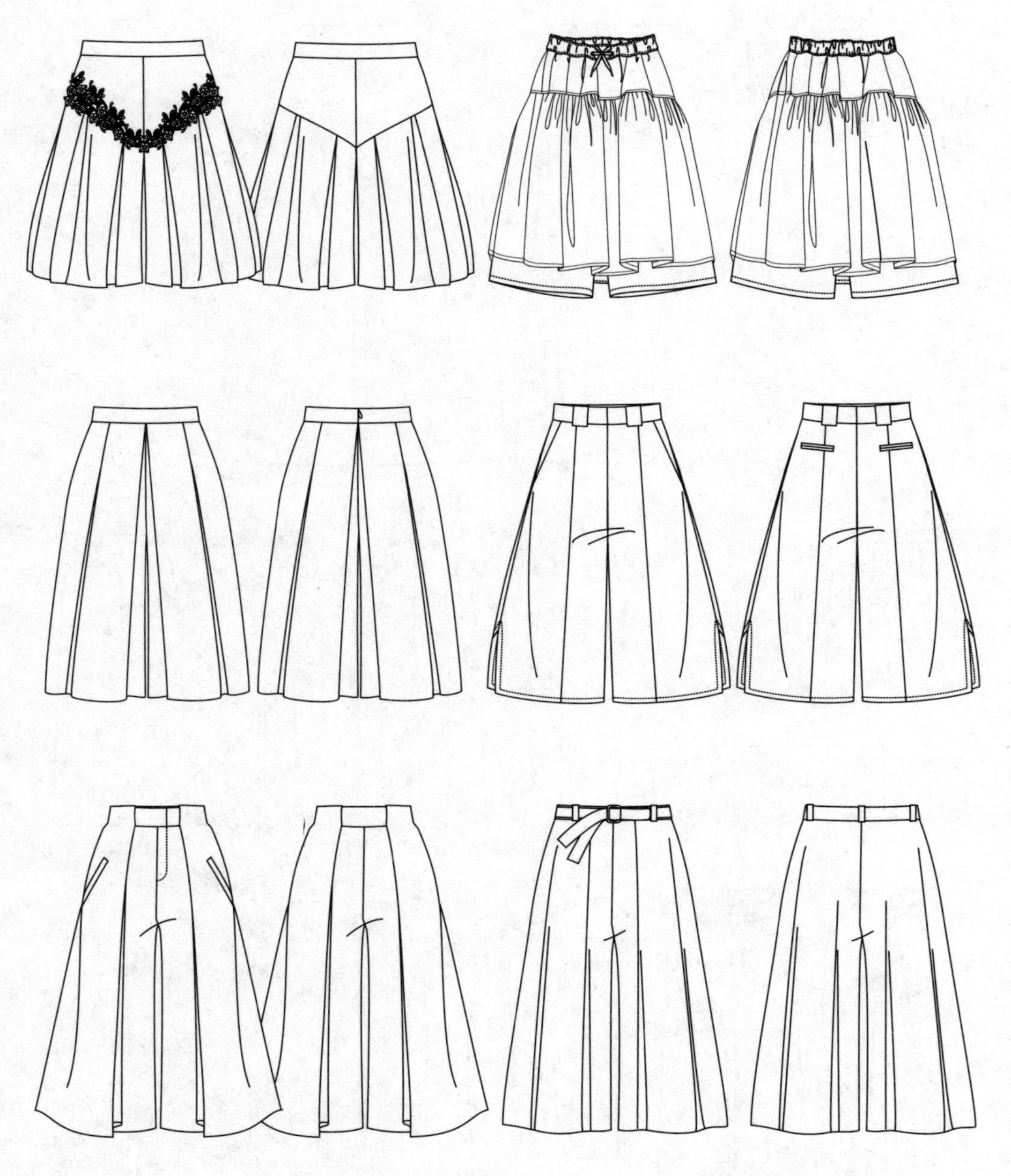

图3-13 裤

十四、背带裤

背带裤是裤子的衍生款式，即核心部分为裤子，但在裤腰上加入了背带的款式。背带裤款式休闲，一般搭配T恤、衬衫和针织衫穿着，深受年轻女性的喜爱。

（一）主要款式及其特点

主要款式及其特点同裤子。

（二）款式设计重点

1．背带

背带裤的背带设计相对比较自由灵活，没有固定的设计程式，但在设计时需充分考虑背带与裤子的色彩、宽窄、长短、材质、风格和造型的变化和统一。

2．裤子

背带裤由背带和裤子组合而成，设计重点同裤子。

（三）背带裤设计案例（图3-14）

图3-14

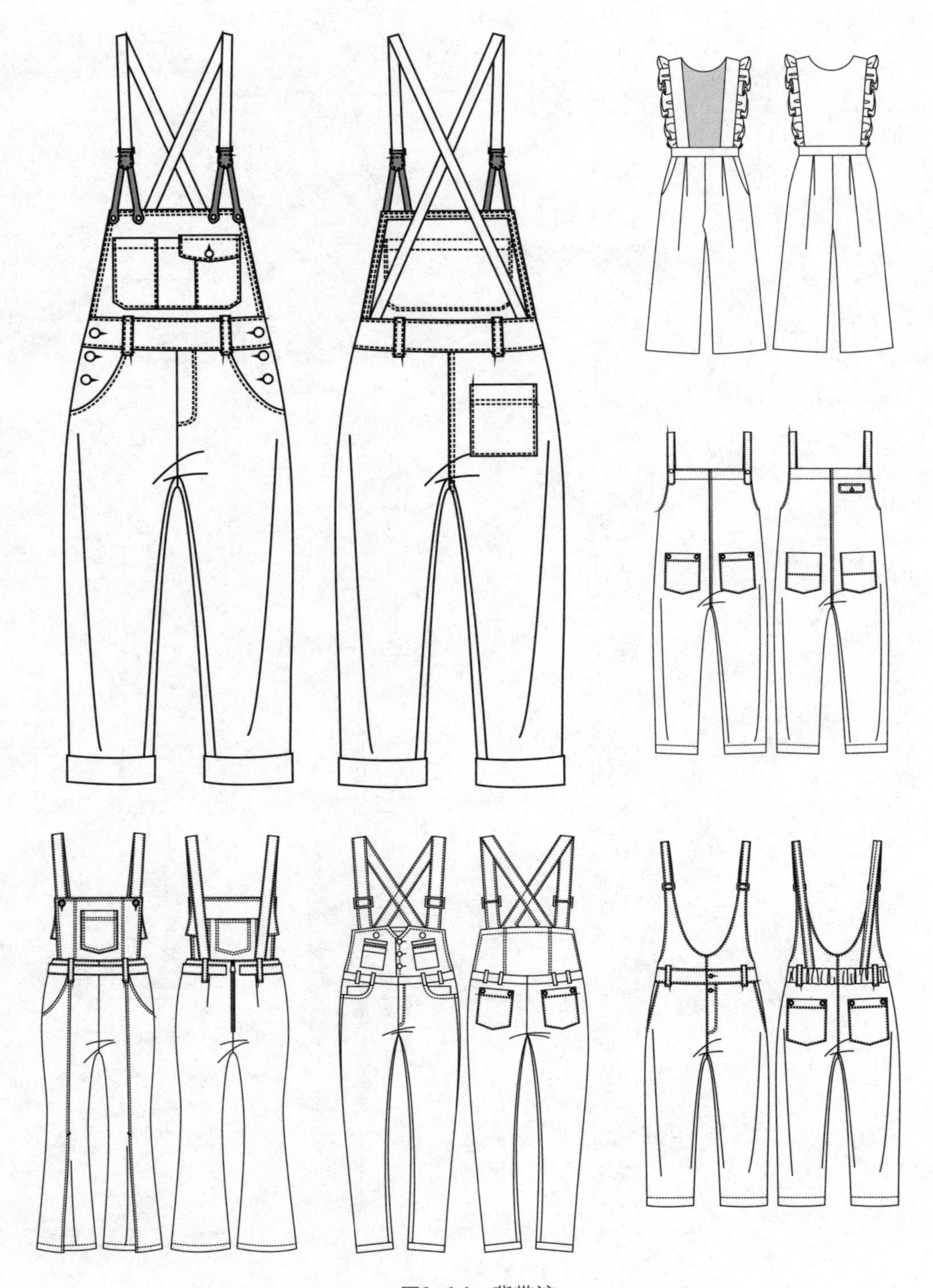

图3-14 背带裤

十五、连体裤

连体裤即为和上衣缝纫在一起的裤子类型，多见于工装风格。

（一）主要款式及其特点

连体裤多为背心加裤子或衬衫加裤子的结合形式，其款式兼具了其组合成分各自的款式特点，因而组合后的整体款式形态变化多样。

由于连体裤特殊的上下装组合形式，导致不如其他的服装类型穿脱方便，因而其在女装产品中应用较少。

（二）款式设计重点

1．廓型

H型为最主要的连体裤廓型，也有少部分束腰的X型。

2．腰

连体裤的腰节造型分为连腰和断腰两种形式。连体裤腰节线的高低位置设计直接影响到款式造型的比例关系。连体裤的腰围放松量大小形成裤身的紧身、适体与宽松的变化。

设计中，腰节线的高低、腰节造型的变化、腰围的大小共同构成了不同的连体裤款式，是造型变化的关键部位。

3. 领

连体裤的领型设计一般不受固有程式的限制，表现形式多样，在设计中需考虑与整体造型的协调和统一。

4. 袖

同领型一样，连体裤的袖型设计一般不受固有程式的限制，其表现形式丰富多彩，在设计中需考虑与整体造型的协调和统一。

（三）连体裤设计案例（图3-15）

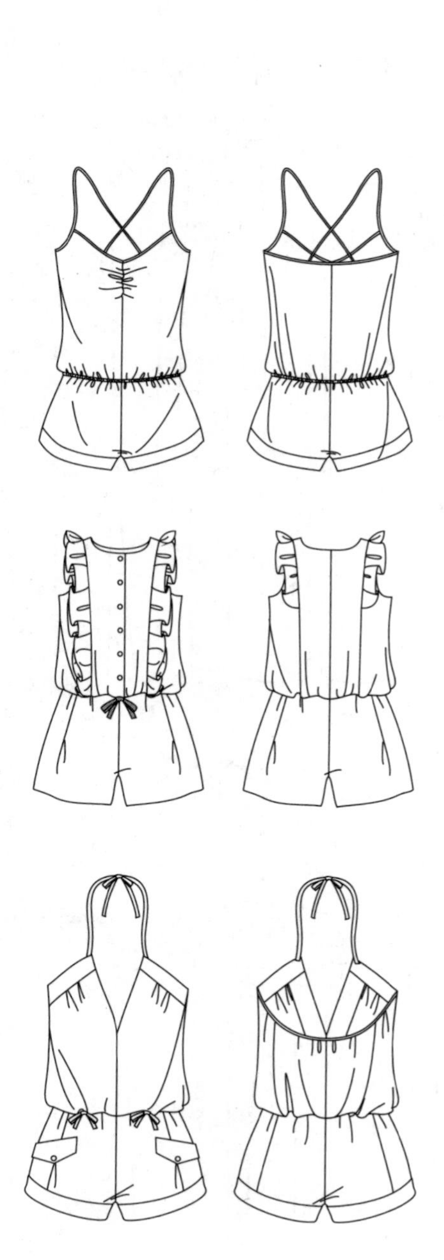

图3-15

图3-15 连体裤

致谢

经过两年的时间，本书终于付诸出版。在此，特别感谢王佳、刘艺、王俊颖、齐孝果、孙胜和雷语多，感谢他们在本书的写作和绘制过程中给予的支持，以及为该书顺利出版所付出的辛勤劳动。

董怡

2018年6月